요리는 잘 못해요
김치는 꿈도 못 꾸지요

하지만 슬슬 내 손으로
김치를 담그고 싶어지네요

냉장고 속 재료만으로
쉽고 간단하게 담그는 김치

환경도, 건강도, 행복도
덤으로 줄어든 식비도
차곡차곡 담가보려고요

맘마미아
냉파요리
냉장고 파먹기

김치

지은이 레몬밤키친(강지수) | 감수자 맘마미아

진원

맘마미아 냉파요리 김치

초판 1쇄 인쇄 2018년 6월 25일
초판 1쇄 발행 2018년 7월 7일

지은이 • 레몬밤키친 강지수
감수자 • 맘마미아
발행인 • 강혜진
발행처 • 진서원
등록 • 제 2012-000384호 2012년 12월 4일
주소 • (03335) 서울 은평구 갈현로 182 대원빌딩 4층
대표전화 • (02) 3143-6353 / **팩스** • (02) 3143-6354
홈페이지 • www.jinswon.co.kr • **이메일** • service@jinswon.co.kr

책임편집 • 김선유 | **편집진행** • 김혜영 | **기획편집부** • 이다은 | **표지 및 내지 디자인** • 디박스
일러스트 • 조영수 | **인쇄** • 보광문화사 | **종이** • 다올페이퍼 | **마케팅** • 강성우

ISBN 979-11-86647-21-9 13590
진서원 도서번호 17007
값 13,800원

이 도서의 국립중앙도서관 출판예정도서목록(CIP)은 서지정보유통지원시스템 홈페이지(http://seoji.nl.go.kr)와 국가자료
공동목록시스템(http://www.nl.go.kr/kolisnet)에서 이용하실 수 있습니다.(CIP제어번호: CIP2018014980)

'월급쟁이 재테크 연구' 카페

35만 회원과 함께 만든 책!

처음엔 식비 절약을 위해
쫓기듯 시작한 냉장고 파먹기

·

지금은 건강도, 요리실력도, 목돈도
차곡차곡 쌓이고 있습니다

·

하지만 애써 외면해온
마지막 숙제 같던 김치 담그기

·

라면 끓이기만큼 쉽게 뚝딱,
왕초보도 만들 수 있다니요

·

사먹는 김치보다 맛나게
냉장고 속 재료만으로 값싸게

·

지금 당장 실천하세요
냉장고 파먹기 최고수가 될 수 있습니다

식비 예산을 감수한
맘마미아의 머리말

한국인은 김치!
하지만 직접 담그기는 어렵다?

김치는 한국인이 가장 사랑하는 반찬 중 하나입니다. 김치 없이는 밥을 못 드시는 어르신도 많고, 어린아이들도 맵지만 곧잘 받아먹을 정도로 김치는 오랜 시간 한국인의 삶 속에 깊숙이 자리 잡아왔습니다. 하지만 김치를 직접 담가먹는 가정은 그리 많지 않습니다. 김치 담그기는 어렵고 힘들다는 선입견이 강해 선뜻 도전하기가 꺼려지기 때문입니다.

1년에 사먹는 김치만 100만원,
나도 모르게 줄줄 새는 식비!

가족에게 김치를 공수해 먹는 분도 계시겠지만, 요즘은 대부분 마트나 온라인 쇼핑몰 등에서 시판 김치를 구입해 먹습니다. 김치를 사먹느라 지출하는 비용은 얼마나 될까요? 4인 가족 평균 1년 김치 값만 약 100만원이라고 합니다. 이런 돈, 굉장히 아깝지 않나요? 특히 구입한 김치가 맛이 없어 냉장고에 처박아 놓고 마냥 방치한다면 식비가 줄줄 새는 꼴입니다.

어려운 김치 NO!
왕초보도 가능한 김치 레시피부터 시작!

하지만 막상 김치를 담그려고 도전해도, 담그는 방법이 어렵고 힘들면 포기하거나 실패하기 십상입니다. 그래서 《맘마미아 냉파요리 김치》는 김치 담그기에 미리 겁먹은 요리 왕초보들도 배추김치, 무김치, 열무김치, 오이김치 등등 정말 다양한 김치를 쉽고 빠르게 담글 수 있도록 도와줍니다. 이 책대로 따라하면 왕초보도 우리 가족 입맛에 맞는 김치를 담그는 데 충분히 성공할 수 있을 것입니다.

이제는 김치도 냉장고 파먹기!
김치 식비 절감 효과도 한눈에 확인 가능

또한 《맘마미아 냉파요리 김치》는 단순히 김치를 담그는 방법만 담은 책이 아닙니다. 김치 값으로 나가는 식비 절감을 반드시 이끌어내는 것이 가장 중요하겠지요? 식비 절감의 가장 손쉬운 실천법은 바로 '냉장고 파먹기'입니다. 냉장고 파먹기는 냉장고에 있는 식재료로 식단을 짜고 집밥을 해먹는 것을 말하며, 줄여서 '냉파'라고 부릅니다. 냉파의 연장선상에 있는 김치 담그기는 냉파의 최고봉이라고 할 수 있습니다.

단순히 김치 레시피만 다뤄서는 식비 절감 효과를 거두기 어렵기 때문에 이 책에서는 돈 주고 산 시판 김치와 직접 담근 집 김치의 가격을 정량적으로 비교해서 식비 절감효과도 함께 알려줍니다. 우리 가족만의 김치 예산을 정해서 김치 냉파를 꾸준히 실천하면, 분명 식비가 확연하게 줄어드는 것을 체감할 수 있을 것입니다.

라, 식비 절감으로 저축여력이 쑥쑥 늘어나므로 가게살림도 더욱 튼튼해질 거라고 확신합니다.

마지막으로 김치 냉파 레시피를 만드신 레몬밤키친님(강지수 선생님)과 진서원 출판사에 깊은 감사를 드립니다. 아울러 항상 아낌없이 응원해주시는 '월급쟁이 재테크 연구' 카페 회원님들께도 진심으로 감사드립니다.

김치 냉파 도전으로 맛, 건강, 저축까지 잡으세요!

자, 지금부터 《맘마미아 냉파요리 김치》를 활용해서 김치 냉파에 도전해보세요. 직접 만들면 양념, 배추 등 100% 믿을 수 있는 국산 재료로 김치를 담글 수 있습니다. 냉장고 속 재료를 최대한 활용해서 맛있고 저렴하게 담글 수 있지요. 이제는 직접 김치를 담가보세요. 작은 용기를 내서 한번 시도해보면 생각보다 어렵거나 힘들지 않습니다. 무엇보다 김치 담그기로 1년 김치 값을 약 100만원에서 약 10만원으로 대폭 줄일 수 있습니다. 놀랍지 않나요? 이것이 바로 김치 냉파의 힘입니다. 김치 냉파에 도전하면 맛, 건강을 챙길 수 있을 뿐만 아니

맘마미아

냉파 레시피를 만든
레몬밤키친의 머리말

김치도 국도 즉석식품 시대,
식품첨가물과 유해성분이 건강을 위협한다!

요즘은 데우기만 하면 편리하게 먹을 수 있는 즉석식품이 잘 나오다보니 소비량이 급증하고 있습니다. 물론 즉석식품은 참 편리합니다. 하지만 위생이나 안전 면에서 집밥만큼 안심할 수 없는 것이 사실입니다. 각종 식품첨가물과 보존료가 가득해 어른 아이 할 것 없이 건강에 안 좋은 영향을 미치지요. 한 잡지에서 진행한 조사에 따르면 가족과 함께 식사를 많이 할수록 삶에 대한 만족도가 높아지고, 아이들의 성적도 좋아진다고 합니다. 가족이 함께하는 식사는 큰 유대감과 안정감을 주거든요.

실천하기 어려운 집밥 행진,
저장음식 김치 하나면 냉파 OK!

냉장고 파먹기로 집밥을 해먹으면 외식 횟수도 줄어들고, 상해서 버리는 등 낭비하는 식재료가 없어 무분별한 식비 소비를 통제할 수 있습니다. 당연히 생활비도 절약할 수 있지요. 버려지는 음식물을 줄이고 신선한 재료로 요리하게 되니 가족의 건강도 챙길 수 있고요. 하지만 바쁜 현대사회에서 꼬박꼬박 집밥을 해먹는 건 쉽지 않은 일입니다. 이럴 때 저장음식인 김치가 있으면 간단한 상차림이 가능해 요리 시간을 줄일 수 있습니다. 김치가 집밥의 어려움을 덜어주는 것은 물론, 가족들과 함께 식사하면서 정서적으로나 신체적으로나 건강해지게 해주는 셈이지요.

남의 손으로 만든 김치는 그만,
이제 내 손으로 직접 담그자!

예전에는 1년 동안 먹을 김치를 한꺼번에 담그느라 어마어마한 양에 시작도 하기 전에 질리고, 오로지 감각에 의존해서 계량한 탓에 김장 멤버 10년차 정도 되지 않으면 혼자 김장할 엄두도 내지 못했지요. 김치 한번 담가볼까 하고 인터넷을 찾아보면 재료도 방법도 제각각이라 어떻게 해야 할지 망설이기 일쑤였고요. 상황이 이렇다보니 김치는 늘 '엄마한테서 얻어오는 것'이었던 듯합니다. 하지만 요즘은 시중에 파는 절임배추를 사다가 만능 김치양념만 만들어 바르면 되니 김장이 다소 편해졌어요. 물론 그마저도 귀찮아 시판 김치를 사먹는 가정도 많아졌지만, 가격이 저렴한 김치는 대부분 중국산 김치입니다. 재료와 원산지를 꼼꼼하게 따져가며 김치를 고르다보면 가격이 만만찮은 경우가 많습니다.

쉬운 김치부터 차근차근 도전하면
'김치 좀 담그는' 내가 된다!

저렴한데다가 믿을 수 있고 건강에 좋은 김치는 사실 직접 담가먹어야 해요. 하지만 '김치는 어렵다'라는 생각 때문에 쉽게 도전하지 못하는 분들이 많지요. 먼저 냉장고에 남아있는 무로 쉽게 도전할 수 있는 깍두기부터 시작해보세요. 반찬을 만들고 남은 우엉이나 연근으로 피클도 만들어보고, 배추를 고르고 절여서 만드는 배추김치까지 차근차근 도전해보면 생각보다 어렵지 않다는 걸 느낄 거예요. 처음에는 만만해 보이는 레시피로 시작해서 어느 정도 자신감이 생기면 난이도를 점점 높여 도전해보세요. 어느새 책에 있는 레시피에서 벗어나 내 입맛에 맞는 레시피를 만들 수 있게 되고, 확실히 자신감이 붙으면 '김치 좀 담그는' 내가 될 수 있습니다.

김치장인 엄마와 냉파장인 딸이 만났다!
쉽고 빠르게 그러나 깊은 맛의 레시피

저는 독립하기 전까지 외식할 때를 빼고는 시판 김치를 먹어본 적이 없었어요. 저희 엄마가 식당을 운영하신 적도 있고, 손맛이 좋아 어릴 때는 늘 집에 손님이 끊이지 않을 정도였거든요. 그때는 김장철이 되면 배추를 사다 절이고 헹구고 치대서 여기저기 나누는 게 일이었어요. 엄마가 담그신 김치는 시커먼 멸치젓을 달여 넣어 쨍하게 시원하면서도 묵직한 깊은 맛이 나요. 이 책에 담은 레시피는 그런 엄마의 맛을 배운 딸이 엄마의 레시피를 참고해서 만들었어요. 누구나 부담없이 도전할 수 있는 분량으로 좀 더 따라하기 좋게 쉽고, 가볍고, 깔끔한 맛이 나도록요. 재료 고르는 법부터 손질, 양념까지 기본적인 내용을 충실히 다루었으니 건강한 재료로 맛있는 김치 담그기에 도전해보세요.

《맘마미아 냉파요리 김치》레시피 작업을 하면서 도란도란 머리를 맞대고 함께 공부하며 재미있어하셨던 엄마, 모든 과정마다 관리 감독 겸 냉철한 맛 평가를 해주신 아빠. 새로운 일에 즐거워하시던 부모님 모습이 가슴 한 켠에 추억으로 남았습니다.

끝으로 식비예산을 감수해주신 맘마미아님과 책을 출판해주신 진서원 출판사, 따뜻한 댓글로 큰 힘을 주시는 '월급쟁이 재테크 연구' 카페 회원님들께 감사의 말씀을 전합니다.

레몬밤키친(강지수)

《맘마미아 냉파요리 김치》
미리보기

재료 하나와 만능 양념이면 김치 OK!
식비 절감 한눈에 확인!

❶ 이 장에서 담글 수 있는 김치 종류

배추, 무 등 이 장에서 담글 수 있는 김치 종류를 알려줘요.

❷ 해당 김치 재료의 효능

김치의 주재료가 되는 채소의 다양한 효능을 소개해요.

❸ 김치 재료 고르는 법, 손질법, 활용법 등

좋은 재료를 고르려면 어떤 걸 봐야 하는지, 손질은 어떻게 하는지, 사용하고 남는 재료는 어떻게 활용하면 좋은지 등의 정보를 알려줘요.

❹ 필요한 김치 재료와 예산

김치를 담글 때 필요한 재료와 금액, 예산을 알려줘요. 상표, 구매처, 시기 등에 따라서 실제 구입하는 금액에는 차이가 있을 수 있어요.

❺ 시판 김치 금액과 최종 절약액

해당 김치와 같은 종류의 김치를 구매할 경우와 직접 김치를 담글 경우의 예산을 비교해, 최종적으로 얼마나 절약할 수 있는지 알려줘요. 시판 김치 금액은 해당 레시피와 같은 종류, 같은 중량의 김치를 기준으로 책정했어요.

왕초보도 만만한
쉽고 빠른 냉파 레시피!

냉파요리 게시판에 인증샷 올리면
꾸준히 실천 가능!

⑥ 김치 이름

해당 김치의 이름을 소개해요.

⑦ 조리 시간과 숙성 방법 및 기간

재료를 절이는 시간과 김치를 담글 때 드는 조리 시간을 알려줘요.

⑧ 팁

냉파 레시피를 활용해 만들 수 있는 요리나 살림 팁 같은 정보들이 다양하게 들어있어요.

⑨ 재료

해당 레시피에 필요한 재료들이에요. 없을 경우 대체할 수 있는 재료나 생략할 수 있는 재료도 표시해두었으니 재료가 부족해도 안심하고 요리하세요.

⑩ 요리과정

김치를 담그는 데 필요한 과정을 소개해요. 해당 과정에서 꼭 알아야 할 팁과 알아두면 좋은 팁도 들어있어요. 약간의 팁을 추가하면 김치가 훨씬 맛있어지니 꼭 읽어보세요.

사서 처박아 놓고, 까맣게 잊은
비싸고 맛없는 국적불명 김치, 냉장고 점령!

before

1
식비부담
허전해서 습관처럼 산 김치,
아껴도 줄줄 새는 식비!

2
들쑥날쑥 김치품질
오늘은 Good 내일은 Bad
제멋대로 시판 김치맛!

3
내 김치가 중국산?
배추만 국산, 양념은 중국산?
내가 산 김치가 국적불명!

1년 김치값
약 100만원!

4인 가족 평균 1년 김치값 약 100만원!
김치는 필수라는 강박에 매번 사다 채우는
국적불명 시판 김치값이 연 100만원!

싸다! 신선하다! 건강하다!
왕초보도 냉장고 파먹기로 100% 국산김치 완성!

after

1
식비절감
김치, 담그기만 해도
1년에 100만원 절약!

2
내 입맛대로! 나도 김치장인
시판 김치에 억지로 입맛 맞추는 그만,
내 입에 딱 맞는 우리 집 김치!

3
배추도 재료도 100% 국내산
믿을 수 있는 국산 100%
신선한 우리 집 김치!

1년 김치값
약 10만원!

1년 김치값 100만원 → 10만원으로 절감!
라면 끓이듯 간단한 만능 김치 양념
맛, 건강, 적금까지 챙기는 김치 냉파의 기적!

《맘마미아 냉파요리 김치》
이것만 알아두세요!

**1 식비절약이 최우선인 냉파요리,
최고의 맛을 내려면 레시피대로!**

이 책은 김치 담그기를 통한 식비절감을 목표로 합니다. 따라서 일부러 더 좋은 재료를 사서 쓸 필요는 없어요. 처음에는 레시피를 정확하게 따라해야 실패확률을 없앨 수 있습니다. 레시피에 익숙해진 다음 입맛에 따라 마음대로 조절해보세요.

**2 불세기, 조리시간 등은
가정마다 조금씩 다를 수 있어**

레시피에 적혀있는 불세기, 조리시간 등은 각 가정의 조리도구나 개인의 요리 숙련도에 따라 조금씩 차이가 있을 수 있습니다.

**3 계절에 따라
숙성시간이 달라질 수도**

여름과 겨울은 온도차이가 많이 나기 때문에 여름에는 레시피에 적힌 시간보다 숙성이 빨리 될 수도 있고, 겨울에는 더 오래 걸릴 수도 있습니다. 레시피에 적힌 시간을 정확하게 지키기보다는, 책에 나온 숙성 정도를 기준으로 김치가 익었는지 판단하는 것을 추천해요.

**4 냉파 식재료 가격은
온라인 최저가!**

이 책에 표기한 식재료의 가격은 출간 당시 온라인 최저가입니다. 구입 시기, 구매처, 브랜드 혹은 여러 외부 요인에 따라 직접 구매하는 상품의 금액과는 차이가 있을 수 있습니다.

**5 시판 김치 가격 역시
온라인 최저가!**

이 책에 표기된 식재료뿐만 아니라, 시판 김치의 가격 역시 출간 당시 온라인 최저가로 잡았습니다. 시판 김치의 가격은 이 책에서 소개하는 김치와 비슷한 종류, 같은 중량을 기준으로 책정했습니다.

**6 필수 재료 중심의
냉파식비 산출!**

냉파요리의 취지에 맞게 해당 김치를 담그기 위해 반드시 필요한 식재료만 추가로 구매하도록 적었습니다. 기본 양념은 대부분 집에 구비되어 있어서 따로 금액을 책정하지 않았습니다.

《맘마미아 냉파요리 김치》
SOS! 무엇이든 물어보세요!

〈맘마미아 냉파요리 김치〉는 월급쟁이 재테크 연구 카페에 레몬밤키친 강지수 선생님이 연재한 레시피로 만들어졌습니다. 레몬밤키친님은 지금도 계속 카페에서 활동하고 있으니 책을 보면서 궁금한 부분, 요리 하면서 잘 안 되는 부분은 카페의 '[냉파]집밥!! 해먹기' 게시판에 게시글로 물어보거나 '[레시피]냉파요리 ♥' 게시판에 댓글로 물어보세요. 직접 확인 후 답변해드립니다.

'월급쟁이 재테크 연구 카페(http://cafe.naver.com/onepieceholicplus)'메인과 냉파요리 관련 게시판

냉파요리 인증샷을 올려보세요!

월급쟁이 재테크 연구 카페의 '식비 30만원 절약' 게시판에 냉파요리 인증샷을 올려보세요. 꼭 김치 인증샷이 아니어도 괜찮습니다. 함께 하면 포기하지 않고 꾸준히 냉파를 할 수 있습니다. 이벤트에 뽑히면 상품도 받을 수 있으니 꼭 참여 해보세요!

카페 회원 '부자이여사'님이 올린 신김치 스타일의 새콤시원 깍두기 인증샷! 회원들과 함께 하면 더 즐거워요.

목차

준비마당

실천마당

목차

목차

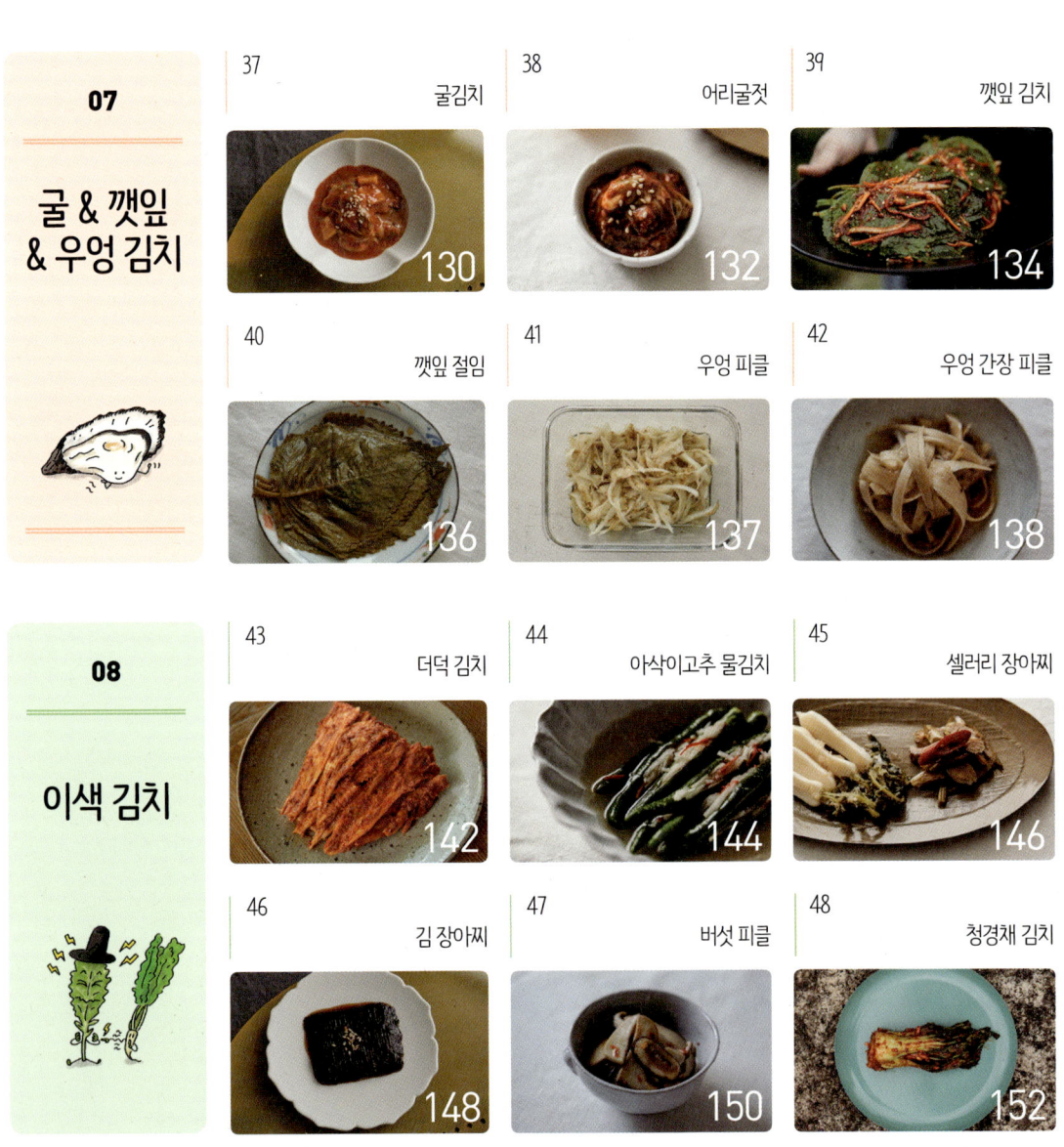

내가 만든
냉파 김치!

달래줘요~

1년 100만원 절약,
김치 냉파 준비운동!
김치 담그기의 모든 것!

냉장고 파먹기란?

냉장고 속 재료만으로 집밥 해먹기!
재료 낭비, 외식비 OUT으로 식비절약, 건강까지 챙긴다

냉장고 파먹기란, 새로운 식재료를 사지 않고 냉장고에 있는 재료만 가지고 요리하는 것을 말합니다. 집에 있는 재료만으로 요리하다보면 가득 차 있던 냉장고가 점점 비어가는데, 이 모습이 꼭 냉장고 속을 야금야금 파먹는 것 같다고 해서 '냉장고 파먹기', 줄여서 '냉파'라고 해요.

냉장고 파먹기를 하면 내 냉장고에 뭐가 들어있는지 파악하게 되어 매주 20만원은 우습던 무분별한 마트쇼핑도 줄어들고, 꾸준히 집밥에 도전하게 되어 식비도 크게 줄일 수 있어요. 그뿐 아니라 냉장고 속 묵은 재료부터 다 소진하고 나서 신선한 제철 재료를 그때그때 사다가 먹으니 건강까지 챙길 수 있는 1석 2조의 신흥 재테크 방법입니다.

재테크 왕초보는 식비절약부터,
냉파로 월 최대 70만원 절약 가능!

특히 재테크 왕초보라면 식비 줄이기부터 시작하는 것을 추천해요. 투자로 일확천금을 노리는 것도, 무작정 지출을 줄여 아끼는 것도 성공하기 어렵지만 식비 줄이기는 가장 쉽고도 크게 효과를 볼 수 있는 절약방법이거든요. 2014년 기준 서울의 한 달 평균 식비는 4인 가구는 97만원, 3인 가구는 81만원, 2인 가구는 58만원, 1인 가구는 36만원이라고 합니다. 여기에는 사놓고는 깜빡 잊어버려 상해서 버리는 식재료 비용, 요리에 익숙하지 않거나 귀찮다는 이유로 외식하는 비용도 포함됩니다. 이 부분에서 생각을 조금만 전환해보세요. 구입한 식재료를 깜빡하지 않고 다 사용하기만 해도, 외식 횟수를 한두 번만 줄여도 식비를 눈에 띄게 줄일 수 있어요. 특히 교통비, 통신비, 세금같이 매달 일정하게 지출하는 고

정비보다 그때그때 노력에 따라 달라지는 식비부터 줄여야 절약효과가 큽니다. 식비절약을 도와주는《맘마미아 냉파요리》1탄은 4인 가족 기준으로 식비를 한 달에 70만원씩 절약해 1년에 적금을 840만원 부을 수 있는 집밥 레시피도 알려줘요.

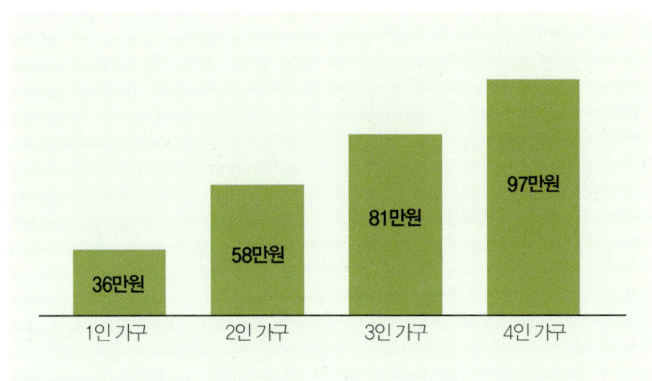

서울 가구별 한 달 평균 식비(한국보건연구원, 2014)

1년 식비를 840만원 절약해주는
《맘마미아 냉파요리》

자투리 채소,
이제는 버리지 말고 김치, 장아찌로 변신!

그렇다고 외식은 무조건 참고 집밥을 먹으라고 강요하는 건 아닙니다. 억지로 참다보면 더 빨리 포기하게 되거든요. 냉파에서 가장 중요한 건 집밥에 대한 부담을 줄이는 거예요. 요리가 익숙하지 않으면 집밥을 꺼리게 되고, 한 상을 전부 차려야 된다는 생각에 더 도전하기 어렵습니다. 이럴 때 저장 음식인 김치, 장아찌를 밑반찬으로 구비해두면 냉파에 큰 도움이 되지요. 김치만 있으면 밥과 국만 새로 해도 되니 집밥 실천에 든든한 지원군 역할을 합니다.

아직 집밥이 어려운 분들도, 요리는 어느 정도 하게 됐지만 아직까지 김치나 장아찌는 자신 없다는 분들도 이제 김치, 장아찌 담그기에 도전해보세요. 김치 냉파를 열심히 하다보면 그동안 김치나 장아찌를 사먹느라 지출했던 비용도 줄이고, 더불어 항상 맛있고 간단하게 집밥을 만들 수 있다는 자신감도 생길 거예요.

왕초보 김치 냉파,
연 100만원 절약 효과까지!

김치냉장고 시대,
김장 100포기도 종갓집 따라하기도 이제 옛말!

'김장' 하면 어떤 이미지가 떠오르세요? 온 가족이 모여 절인 배추를 산처럼 쌓아놓고 허리한번 못 편 채, 하루 종일 김치를 담그다가 갓 담근 겉절이에 수육 한 조각 나눠 먹는 그런 장면이 생각나지 않으세요?

예전에는 대가족이라 겨우내 먹을 김장을 하려면 양도 많고 손도 많이 갔어요. 하지만 이제는 냉장고며 김치냉장고까지 잘 나와 있어 보관하기도 좋고, 채소도 사시사철 나는데다가 가족 수가 점점 줄면서 하루 날을 잡아 김장하는 일이 드물어졌어요. 또 김치를 담그려고 하면 왠지 종갓집 손맛 정도는 있어야 할 것 같아 선뜻 도전하지 못하고 시중에 파는 김치를 사서 먹는 집도 많아졌지요.

배추 1~3포기, 요리시간 30분 초간단, 왕초보도 뚝딱!

김치 담그기는 생각보다 쉽고 간단해요. 배추김치의 경우 배추를 씻고 절이는 데 가장 많은 시간과 체력이 소모되지만, 시중에 파는 절임배추를 이용하거나 2~3포기 정도로 양을 줄여 조금씩 절이면 힘들지 않아요. 그리고 나서 재료를 갈아 양념을 만들고, 손질해 둔 재료에 양념을 잘 발라주기만 하면 끝입니다. 이 책에서는 배추 1~2포기 정도의 적은 양을 30분 정도면 만들 수 있는 레시피를 알려주니 그때그때 깔끔하고 맛있게 김치를 담가 먹어 보세요.

또 한 번만 담가보면 지역마다 집안마다 다른 김치 맛에 맞춰 '내 집 김치'를 담글 수 있게 됩니다. 깍두기 하나를 담가도 집마다 무 써는 크기부터 색, 맛, 익히는 정도까지 다 다른데, 이제부터는 천편일률로 똑같은 시판 김치에 내 입맛을 억지로 맞출 필요가 없어요. 내입맛에 맞는 김치를 찾아 이 김치 저 김치 사먹어보는 수고를 감수할 필요도 없고요.

김치, 담그기만 해도 식비 100만원 절약 가능!

직접 김치를 담그면 무엇보다도 신선하고 내 취향인데다가 저렴하기까지 해요. 2015년 기준 1인당 1년 김치 소비량은 약 35kg이었어요. 배추김치로 따지면 14포기 정도 되는 양이지요. 배추김치 14포기를 시중에서 구입하려면 최소 21만원이 들지만, 직접 배추를 구입해 담그면 약 3만원 정도 듭니다. 즉 1년 기준으로 김치를 직접 담가먹으면 1인당 최소 18만원이 절약되고, 2인 가족이라면 36만원, 3인 가족이라면 54만원, 4인 가족이라면 72만원이 절약된다고 볼 수 있어요. 시판 가격이 가장 저렴한 배추김치를 기준으로 할 때 이렇고 깍두기, 물김치, 갓김치처럼 좀 더 비싼 김치까지 더하면 4인 가족 기준으로 1년에 100만원까지도 절약할 수 있어요. 게다가 맛있는 김치만 있으면 국, 찌개, 반찬 등 활용가능한 요리가 많아져 자연스럽게 식비도 줄어듭니다.

배추도 양념도 국산 100%! 국적불명 김치 불안 OUT!

시판 김치의 가장 큰 문제는 100% 국산이라고 확신할 수 없다는 거예요. 요즘에는 국산 김치보다 중국산 김치를 찾기가 더 쉬워요. 식당에 가보면 대부분 '김치: 중국산'이라고 적혀있고, 시판 김치도 국산이라고 적혀있기는 하지만 양념은 중국산인 경우도 적지 않거든요. 반면 내가 직접 담근 김치는 재료도, 양념도 100% 국산으로 만들 수 있어요. 싱싱한 채소도 직접 눈으로 보고 고를 수 있고요. 거기다 어느 집에나 있는 양념만으로 만들 수 있는 만능 김치양념으로 어떤 김치든 쉽게 만들 수 있습니다. 집에 있는 자투리 채소만으로 뚝딱 김치를 담글 수 있지요. 가장 중요한 건 비싼 재료, 브랜드가 아니라 건강한 먹을거리입니다. 믿을 수 있는 재료로 직접 김치를 담가보세요.

추천 김치 냉파 시기

요즘은 제철이라는 말이 무색할 정도로 재배기술이 발달해서 대부분의 식재료를 언제든 구할 수 있습니다. 그래도 제철에 먹는 식재료가 가장 영양가도 높고 맛도 좋아요. 먹고 싶은 김치를 골라 담그는 것도 좋지만, 제철 재료로 김치를 담그면 계절감을 한층 더 느낄 수 있겠죠?

	1월	2월	3월	4월	5월	6월	7월	8월	9월	10월	11월	12월
배추											■	■
얼갈이											■	■
청경채	■										■	■
무										■	■	■
총각무 (알타리)											■	■
열무					■	■	■	■	■			
양배추				■	■	■						
오이						■	■	■		■		
양파					■	■						
대파									■	■	■	■
쪽파									■	■		
부추			■	■	■							
갓											■	■
고구마줄기						■	■	■				
마늘종			■	■	■	■						

	1월	2월	3월	4월	5월	6월	7월	8월	9월	10월	11월	12월
달래			■	■						■	■	
셀러리	■	■			■	■	■			■	■	■
연근	■	■									■	■
사과									■	■	■	■
배								■	■	■	■	
단감									■	■	■	
굴	■	■	■							■	■	■
깻잎					■	■	■	■	■			
우엉	■	■								■	■	■
더덕	■	■	■								■	■
고추						■	■	■	■			
버섯	■	■	■	■	■	■	■	■	■	■	■	■

1년을 책임질 만능 김치양념 비용, 7만원!

김치를 담글 때는 특별한 재료가 필요 없어요. 신선한 제철 채소와 집에 있는 기본양념만 있으면 모든 김치를 만들 수 있습니다.

아래 양념 목록에는 이 책에 나오는 김치를 만들기 위해 필요한 양념 종류를 모두 모아두었어요. 대부분 이미 집에 있을 거예요.

설사 집에 아무것도 없어도 약 7만원 정도면 아래 양념들을 모두 구입할 수 있어요. 김치한 번 담그려고 7만원을 지출하다니 비싸다고 생각할 수도 있지만, 김치를 사먹는 대신 한번 담글 때마다 평균 1만원 이상 절약할 수 있으니 7번만 담가 먹어도 이득입니다.

김치를 담그기 전 집에 있는 양념부터 확인해보세요. 만약 없는 양념이 있다면 우선 있는 것으로 담글 수 있는 김치부터 도전해보세요.

* 양념은 쉽게 구할 수 있는 상품의 온라인 최저가 기준이에요.

* 좋은 재료는 그만큼 금액이 차이가 나니, 내게 맞는 금액으로 재료를 구입해서 김치를 담가보세요.

양념		향신채소		조미료		기타	
멸치액젓	3,780원~	양파	1,500원~	설탕	1,450원~	찹쌀가루	6,000원~
까나리액젓	3,280원~	마늘	5,900원~	고춧가루	11,380원~		
새우젓	7,200원~	생강	6,700원~	소금	1,080원~		
간장	3,200원~			올리고당	3,080원~		
국간장	3,200원~			매실청	6,480원~		
식초	1,680원~			물엿	2,580원~		
				맛술	1,470원~		

총 69,960원
(각1kg 기준)

만능 김치양념
① 고춧가루

고춧가루는 김치 특유의 맛깔스러운 붉은색과 매콤한 맛을 내는 양념입니다. 고춧가루는 ① 그해에 수확한 햇고추를 빻아 만들고 ② 색이 밝고 화사한 선홍빛이며 ③ 굵기가 일정한 것이 좋아요.

고운 고춧가루는 주로 나박김치나 물김치 같은 김치에 사용합니다. 중간 굵기의 고춧가루는 액젓이나 육수, 찹쌀풀 등에 불려서 사용해야 김치 색이 곱고 양념이 잘 어우러져요. 꼭 먼저 불려두지 않아도 됩니다. 김치양념을 만든 다음 바로 주재료에 바르지 말고 10분 정도 뒀다가 사용하면, 양념 재료의 수분에 고춧가루가 충분히 불어 사용하기 편리해요.

만능 김치양념
② 젓갈 & 액젓

같은 배추김치라도 지역마다, 집마다 맛이 모두 다른 이유는 바로 젓갈 때문입니다. 어떤 젓갈을 얼마나 사용하느냐에 따라 김치 맛이 달라지죠. 시원하고 깔끔한 맛이 특징인 서울, 경기도 지역에서는 김치에 새우젓, 조기젓을 넣고 충청도 지역에서는 황석어젓갈, 까나리액젓 등을 주로 사용해요. 깊고 진하며 묵직한 맛의 전라도 지역에서는 멸치젓이나 갈치속젓을, 구수한 경상도 지역에서는 멸치젓과 멸치액젓을 넣습니다.

젓갈

젓갈은 어패류를 소금에 절여 발효, 숙성한 저장음식입니다. 멸치, 조기, 갈치, 밴댕이, 새우, 조개 등의 어패류에 약 20~25% 분량의 소금을 섞어 절인 다음 일정 기간 발효, 숙성하면 특유의 향과 맛을 지닌 젓갈이 완성돼요. 젓갈은 제철에 원산지인 바닷가에 가서 직접 구입해야 신선한데 시간을 내기가 쉽지 않지요. 조금 아쉽지만 마트에서도 쉽게 구입할 수 있으니 활용해보세요.

1 | 새우젓

시원하고 담백한 맛을 내는 새우젓은 담그는 시기에 따라 이름과 맛이 달라집니다. '오젓'은 5월에 잡은 새우로 만들어 크기가 작고 붉은빛이 돌아요. 6월에 담는 '육젓'은 맛이 고소할 뿐 아니라, 색이 희고 살이 통통하게 올라 크기가 커서 최상품으로 치지요. 가을에 잡은 새우로 만드는 '추젓'은 오젓이나 육젓에 비해 크기는 작지만 육질이 부드럽고 감칠맛이 좋습니다.

좋은 새우젓은 ① 새우의 모양이 그대로 살아있고 ② 젓국이 맑고 뽀얗습니다. 특히 김장용으로는 ① 새우가 굵고 통통하며 ② 전체적으로 깨

끗하고 붉은빛이 도는 게 좋아요. 육젓이 여러모로 가장 좋지만 가격이 비싸니 오젓이나 추젓을 섞어 사용해도 괜찮습니다.

2 | 멸치젓

멸치젓은 멸치를 소금에 절여 삭힌 젓갈입니다. 김치를 담글 때 새우젓과 함께 가장 많이 사용하지요. 멸치젓은 2년 이상 숙성해야 비린 맛이 나지 않아요. 보통 4~5월 산란기를 맞아 알이 꽉 찬 봄멸치로 담근 멸치젓을 최고로 칩니다. 가장 깊은 맛이 나거든요.

액젓

충분히 숙성한 젓갈을 베보자기에 거르거나, 젓갈 위쪽에 고인 말간 젓국을 떠낸 것을 액젓이라고 합니다. 발효, 숙성이 잘된 액젓은 비린내가 나지 않고 구수하며 감칠맛이 풍부해요. 김치 외에도 국, 나물 등 반찬에 조미료로 사용하면 적은 양으로도 깊은 감칠맛을 낼 수 있습니다. 유명 산지에서 파는 액젓을 구입해서 사용해도 좋지만 시판 제품을 활용해도 쉽게 맛을 낼 수 있어요.

1 | 멸치액젓

봄에 담근 멸치젓이 가을이 되어 잘 삭으면 위에 말간 물이 고이는데, 이것을 떠낸 것이 멸치액젓입니다. 이 물을 따로 떠놓고 1년 이상 숙성하면 비린내가 없어지고 구수하며 감칠맛이 납니다. 잘 숙성된 액젓은 색이 맑으니 구입할 때 참고하세요.

2 | 까나리액젓

까나리액젓은 5월 초~6월 사이에 백령도 연안에서 잡히는 까나리를 소금에 절여 발효, 숙성한 다음 멸치액젓과 같은 방법으로 만든 것입니다. 멸치액젓에 비해 비린맛이 적고 고소하며 담백해 뒷맛이 깔끔합니다.

3 | 멸치젓국

액젓을 떠내고 남은 멸치젓에 떠낸 액젓과 같은 양의 물을 섞어 팔팔 끓인 다음, 불을 줄여 멸치 뼈가 다 녹을 때까지 3시간 이상 달여 면보에 거른 게 멸치젓국입니다. 멸치젓국을 넣어 김치를 담그면 진하고 깊은 맛이 나요.

만능 김치양념
③ 마늘&생강

우리나라에서 가장 많이 사용하는 양념이 바로 마늘과 생강입니다. 한 스푼 넣으면 요리의 풍미가 확 살아나고 김치 특유의 맛을 살리는 데도 큰 역할을 합니다. 최근에는 사용하기 편리하게 껍질을 벗기거나 다져놓은 시판 제품도 많이 판매하니 적절하게 사용하세요. 물론 신선한 마늘과 생강을 구입해서 직접 손질해야 가장 맛과 향이 좋은 것은 두말할 필요가 없습니다.

김치양념으로 사용할 때는 곱게 다지거나 갈아서 사용하고 나박김치, 물김치, 백김치 같은 종류의 김치에는 다지기보다 즙을 내서 사용하는 게 깔끔합니다.

마늘

마늘은 알이 크지 않고 단단하며, 한 통에 6~8쪽 정도 들어있고 크기가 균일해야 맛이 좋습니다. 다져서 한 번 사용할 만큼 소분해서 냉동보관하면 오래 두고 사용할 수 있습니다.

생강

생강은 알이 굵고 단단하며 껍질이 얇고 황토색을 띠는 것이 좋습니다. 겉에 흙이 묻어 있는 것이 신선합니다. 생강에는 몸을 따뜻하게 하고 감기를 예방하는 효과가 있어서 김치에 넣으면 더욱 건강하게 먹을 수 있습니다.

만능 김치양념
④ 소금

모든 김치에 빠지지 않는 양념은 무엇일까요? 바로 소금입니다. 김치에 넣는 소금의 양은 지역과 계절, 식습관에 따라 달라지지만 아예 안 넣을 수는 없지요. 김치에 소금을 넣으면 나쁜 미생물의 침입과 번식을 억제해 썩는 것을 막고, 좋은 미생물만 번식할 수 있도록 도와줍니다.

김장에 주로 쓰이는 건 보통 굵은소금이라고 부르는 천일염과 가는소금 또는 꽃소금이라고 부르는 재제염이에요.

천일염(굵은소금)

천일염은 바닷물을 햇볕과 바람 등으로 자연증발시켜 만든 소금으로, 입자가 굵고 해수의 풍부한 미네랄을 함유하고 있어요. 6~8월에 만든 천일염이 강렬한 햇살과 바람에 빠르게 건조되어 가장 좋다고 합니다. 생산된 지 1년 이내의 천일염은 간수가 제대로 빠지지 않아 약간 쓴맛이 나고, 3년 정도 지나야 간수가 빠져 요리나 김치 담글 때 사용하기 좋습니다. 5년 이상 되면 단맛이 깊어져 풍미가 좋아진다고 해요.

김장에는 ① 3년 이상 되고 ② 만져봤을 때 습기 없이 보슬보슬한 천일염을 고르면 됩니다.

재제염(꽃소금)

재제염은 천일염을 깨끗한 물에 녹인 다음 불순물을 제거하고, 다시 가열해 소금결정을 얻어내는 방식으로 만든 소금이에요. 입자가 작아 요리할 때 잘 녹고 잘 부서져서 주로 김치 양념에 사용합니다.

배추 3포기 절이기

요즘은 김치를 더 편하게 담글 수 있도록 이미 절여둔 절임배추를 팝니다. 보통 한 포기씩 팔지 않고 10kg씩 대량으로 팔다보니 집에서 조금만 담글 생각이라면 부담스럽지요. 김치 냉파를 하려면 배추가 3포기 든 망을 하나 사다가 직접 절이는 게 훨씬 좋습니다. 김장용 배추는 속이 너무 꽉 차지 않아 눌렀을 때 탄력이 있는 것으로 구입하는 게 좋아요(배추 고르는 방법은 56쪽 참고).

김장배추 손질법

1. 시든 겉잎은 한두 겹 떼어내요.

tip / 겉잎 중에서 시든 것은 버리고 비교적 싱싱한 것은 배추 절일 때 같이 절인다. 이것으로 맨 마지막에 양념을 싹싹 닦아 김치 위에 이불처럼 덮어준다. 공기를 차단해서 김치가 쉽게 쉬지 않게 해준다. 끓는 물에 데쳐서 냉동해뒀다가 시래깃국을 끓여도 좋다.

2. 겉잎을 손질하고 나면 밑동이 지저분하니 잘라서 정리해요.

3. 배추를 반으로 가르되, 배추 뿌리 쪽에서 잎쪽으로 전체 길이의 1/2~2/3 정도만 칼집을 내고 나머지는 손으로 벌려 잘라요.

tip / 속이 꽉 찬 배추는 끝까지 칼로 잘라야 안전하다. 끄트머리까지 단단해서 칼집을 넣은 뒤 손으로 벌려 쪼개려고 하면 뚝 부러지기 때문

4. 반으로 가른 배추 뿌리부분에 살짝 칼집을 넣어요. 쭉 가르는 것이 아니라 살짝 칼집만 넣으면 돼요. 굵은 줄기부분에 이렇게 칼집을 넣으면 절임물이 스며들어 더 잘 절여져요.

김장배추 절이기

| 재료 |

□ 배추 3포기(1포기 2~3kg)
□ 절임용 굵은소금 6컵(900g)
□ 미지근한 물 20컵(2L 생수 2병)

tip / 배추를 한 포기만 절일 때는 굵은소금 2컵(300g), 물 6~7컵 정도를 준비해 같은 방법으로 절이면 된다.

1. 미지근한 물에 굵은소금(3컵)을 풀어 절임물을 만들어둬요. 3에서 사용할 거예요.

tip / 소금의 양은 배추 1포기당 300~350g 정도가 적당하다. 배추를 절이는 물의 온도는 체온 정도로 미지근한 것이 좋다. 뜨거운 물과 차가운 물을 1:3 정도로 섞으면 적당하다.

2. 소금물을 만들고 남은 굵은소금 3컵을 1포기에 1컵씩 사용해요. 배춧잎을 한 장씩 들춰 줄기부분에 소금을 켜켜이 뿌리고, 칼집을 낸 뿌리부분에도 넉넉히 뿌려요.

tip / 두꺼운 배추 줄기부분을 골고루 절이기 위해 줄기부분의 배춧잎 사이사이에 소금을 뿌려서 절인다.

3. 소금을 뿌린 배추를 절임물에 담가 8~10시간 절여요. 4시간 뒤에 위아래를 한 번 뒤집어 위치를 바꿔 골고루 절여요.

tip / 배춧잎 사이사이 절임물이 들어갈 수 있도록 푹 담그고, 윗부분에 있는 배추는 절임물을 충분히 끼얹어 절인다. 뿌리부분이 절임물에 잠기도록 세워서 절이면, 3시간쯤 뒤 숨이 조금씩 죽으면서 배추가 자연스럽게 누워 골고루 절일 수 있다.

4. 8~10시간 정도 절인 배추는 깨끗한 물에 서너 번 헹군 다음, 자른 면이 아래로 가도록 엎어서 물기를 빼요.

tip / 15분 정도 엎어둔 다음 혹시 물기가 덜 빠졌다면 시간을 좀 더 두고 물기를 빼준다.

* 절임배추를 사용하는 레시피는 두 포기 배추김치(58쪽), 백김치(60쪽), 굴 보쌈김치(62쪽) 참고

만능 김치양념
⑤ 기본 육수

요리할 때도 물보다 육수를 사용하면 훨씬 맛있듯, 김치양념을 만들 때도 물 대신 육수를 사용하면 김치 맛이 한층 더 깊어지고 감칠맛이 살아납니다. 하지만 그때그때 만들어 쓰기에는 시간도 많이 걸리고 번거롭지요. 김치에도 쓰고 평소 집밥에도 쓰는 기본 육수를 소개합니다. 많이 만들어두고 비닐봉지나 플라스틱 밀폐용기에 소분해서 얼려뒀다 편리하게 사용해보세요.

다시마육수

| 재료 |
□ 다시마 2장(5×5cm)
□ 차가운 물 5컵

1. 차가운 물에 다시마를 넣고 30분 이상 담가둬요.
2. 1을 약불에서 끓이다가 국물이 끓으면 불을 끄고 다시마를 건져내요.

 만든 육수 보관하기

육수는 밀폐용기에 담아 냉장 시 4~5일, 냉동 시 한 달간 보관할 수 있어요. 냉동보관할 때는 해동해서 사용하기 편리하도록 500mL 생수병이나 2~3컵 분량의 반찬통에 담아 보관해요. 특히 밀폐용기의 경우 실온에 꺼내놓으면 바깥쪽이 녹아 육수를 쉽게 빼서 사용할 수 있어요.

멸치육수

〰〰〰

| 재료 |

□ 국물용 멸치 40마리(30g) □ 다시마 2장(5×5cm) □ 물 10컵(2L)

1. 멸치는 등을 눌러 반으로 갈라 머리와 내장을 없애
요. 냄비에 멸치를 넣고 중불에서 2~3분간 노릇해
지도록 볶아요.

tip / 한꺼번에 많이 볶아 식혀서 지퍼백에 담고 공기를 최대한
빼서 밀봉해 냉동보관하면, 육수를 낼 때마다 멸치 볶는 수고를
줄일 수 있다.

2. 1에 물과 나머지 재료를 넣고 센불에서 10분간 끓
여요.

tip / 이때 뜨거운 냄비에 물을 부으면 물이 튀어서 화상을 입을
수 있다. 냄비를 불에서 내리거나 잠깐 불을 끄고 가장자리로 물
을 흘려 붓는다.

3. 육수가 끓어오르면 중불로 줄이고 10분 뒤 다시마
를 건져낸 다음 5분 더 끓여요. 끓이는 도중에 생기
는 기품은 걷어내요. 그런 다음 불을 끄고 한김 식혀
면보자기나 키친타월을 체에 덮어 걸러요.

tip / 끓일 때는 반드시 뚜껑을 열어야 비린내가 나지 않는다.

tip / 면보자기와 키친타월이 없다면 그냥 체에 걸러도 OK

* 통후추 10알, 자투리 무 한 토막, 대파 1대(15~20cm) 등이 있다면 함께 넣어서 끓여도 좋아요.

황태육수

〰〰〰

| 재료 |

□ 황태머리 1개 □ 다시마 1장(5×10cm) □ 표고버섯 1개 □ 물 4컵

분량의 재료를 모두 넣고 끓이다가 국물이 끓으면 불을 끄고 건더기
를 건져내요.

tip / 한 번에 육수를 많이 끓이려면 황태머리 4개, 다시마 4장, 대파 1대, 물 15컵을
넣고 끓이면 된다.

만능 김치양념
⑥ 찹쌀풀

김치 발효를 돕는 다양한 풀, 있어도 없어도 OK!

김치를 담글 때 어렵게 느껴지는 것 중 하나는 찹쌀풀 만들기가 아닐까요? 조금만 잘못 만들어 넣으면 김치 만들기에 실패할 것 같고, 김치 레시피를 보면 찹쌀풀뿐만이 아니라 밀가루풀, 찬밥, 찹쌀죽, 삶은 감자까지 다양하게 사용하니 어떤 걸 넣어야 할지 헷갈리기도 하고요.

김치에 풀을 쑤어 넣는 이유는 ① 풀을 넣으면 양념이 잘 어우러지고 ② 양념을 주재료에 버무릴 때 더 잘 발리며 ③ 풀에 들어있는 전분이 발효를 돕고 ④ 구수하고 달콤한 감칠맛을 내는 등 다양합니다. 하지만 없으면 넣지 않아도 괜찮습니다. 숙성기간이 더 길어질 뿐, 풀을 안 넣었다고 해서 발효가 안 되는 건 아니거든요.

찹쌀 대신 밀가루, 찬밥, 감자도 가능!

풀에서 중요한 건 전분이라서 밀가루, 찹쌀, 찬밥, 삶은 감자를 대신 사용해도 괜찮습니다. 풀의 종류에 따라 좀 더 어울리는 김치가 있기는 해도 기본적으로는 어떤 풀을 사용해도 상관없습니다. 김치 종류에 따라 정해진 풀이 있는 건 아니니까요. 다만 찹쌀풀은 단맛과 감칠맛을 더해주고, 밀가루풀이나 밥을 끓인 풀에 비해 숙성이 조금 빠를 뿐입니다. 찹쌀가루가 없다면 다른 재료를 사용해도 무방합니다.

주재료(배추, 무 등) 1kg당 풀 용량

주재료의 용량에 따라 풀의 용량도 늘리거나 줄여서 사용하면 됩니다.

① 찹쌀풀: 물 1컵 + 찹쌀가루 봉긋하게 1스푼

② 밀가루풀: 물 1컵 + 밀가루 봉긋하게 1스푼

③ 찹쌀죽: 물 1컵 + 불리지 않은 찹쌀 2스푼

④ 찬밥: 1/3~1/2공기 + 물 1컵, 더 빨리 숙성하고 싶다면 1공기

⑤ 삶은 감자: 1개(150~200g)

김치의 기본, 찹쌀풀(밀가루풀) 쑤기

1. 냄비에 물 1컵을 붓고 찹쌀가루(밀가루)를 봉긋하게 1스푼 넣어 덩어리지지 않도록 잘 풀어요.

tip / 꼭 찬물 상태에서 덩어리지지 않도록 완전히 풀어준 다음 불에 올린다. 불에 올려 물이 데워지거나 끓는 상태로 찹쌀가루(밀가루)를 넣으면 찹쌀풀(밀가루풀)이 되지 않으니 주의, 또 주의!

2. 완전히 푼 찹쌀가루(밀가루)를 약불에 올려 바닥에 눌어붙지 않도록 저어가며 끓여요.

3. 찹쌀가루(밀가루)가 익어서 약간 투명하게 변하고 쪼르륵 흐를 정도가 되면 불을 끄고 완전히 식혀요.

tip / 찹쌀풀(밀가루풀)은 반드시 완전히 식힌 다음 사용한다. 빠르게 식히려면 냄비보다 조금 큰 볼에 찬물을 받고 중탕하듯 찹쌀풀(밀가루풀)이 든 냄비를 띄워 식힌다.

◆ 찹쌀풀(밀가루풀)은 쪼르륵 흘러내릴 정도의 농도가 적당해요.

 물 1컵 : 찹쌀가루 1스푼으로 초간단 찹쌀풀 만들기

전자레인지용 그릇에 차가운 물을 붓고 찹쌀가루를 덩어리지지 않게 풀어요. 전자레인지에 그릇을 넣고 30초 돌린 다음 꺼내서 바닥에 가라앉은 찹쌀덩어리를 잘 풀고 다시 30초 돌려요. 그런 다음 꺼내서 섞고 다시 30초 돌려요. 꺼내서 덩어리지지 않게 잘 젓고 냉장고에 잠시 넣어 완전히 식혀서 사용해요. 이렇게 30초씩 나눠서 전자레인지에 돌리는 이유는 한 번에 오래 돌리면 찹쌀풀이 끓어넘칠 수도 있기 때문이에요.

찹쌀죽 쑤기

1. 재료 1kg당 찹쌀 2스푼 + 물 1컵을 준비해요.
2. 찹쌀을 물에 담가 20분 정도 불린 다음 깨끗이 씻어요.
3. 불린 찹쌀에 물을 붓고 중약불에서 15~20분 정도 끓여 죽처럼 만들어요.
4. 완전히 식힌 다음 사용해요.

찬밥, 삶은 감자 사용법

찬밥과 삶은 감자는 믹서기로 양념을 갈아 만들 때 함께 넣습니다. 특히 찬밥은 약불에 죽처럼 끓여 식혀서 사용하기도 합니다.

맘마미아 냉파요리 계량법

왕초보도 쉽게 1 - 밥숟가락 계량

이 책의 '1스푼'은 일반적인 밥숟가락이 기준입니다. 액체는 넘치기 직전까지, 된장이나 고추장은 소복하게 담아야 1스푼이에요.

액체류 1스푼

장류 1스푼

가루류 1스푼

액체류 1/2스푼

장류 1/2스푼

가루류 1/2스푼

왕초보도 쉽게 2 — 종이컵 계량

이 책의 '1컵'은 종이컵(약 200mL)이 기준입니다. 액체는 넘치기 직전까지 담아야 1컵이고, 1/2컵은 위로 갈수록 점점 넓어지는 종이컵의 특성 때문에 딱 중간보다 조금 위까지 채워야 해요.

가루는 꽉 채운 뒤 윗부분을 평평하게 깎아야 합니다.

액체류 1컵   액체류 1/2컵(중간보다 약간 위까지)   가루류 1컵

기타 계량

스푼으로 뜨거나 종이컵에 담아 계량하기 어려운 재료들은 g으로 표기했어요. 하지만 저울이 없으면 재료의 분량을 가늠하기 어려우니 이런 재료들은 눈대중으로 알 수 있게 다른 계량도 함께 표기했습니다.

예를 들어 사과는 g도 적어두었지만 중간 크기라고도 표기하고, 무도 무 1개로도 적었지만 kg과 크기도 함께 표기했어요. 이 책으로 대략적인 분량을 가늠할 수 있게 되면 다른 요리책을 봐도 저울 없이 손쉽게 계량할 수 있을 거예요.

꼬집 계량   재료 크기 계량   재료 개수 계량

김치 보관 TIP 3가지

김치를 보관할 때 가장 중요한 것은 ① 김치와 공기의 접촉을 막고 ② 일정한 온도를 유지하는 것입니다. 공기를 차단하면 배추가 양념에 잘 절여지고, 김치가 잘 숙성되어 아삭아삭하고 시원한 풍미가 나요. 특히 집집마다 재료와 양념배합, 숙성과정이 전부 다르게 마련인데 김치와 공기를 차단하면 각기 다른 풍미를 더 잘 살릴 수 있어요. 반면에 공기와 접촉하는 것을 제대로 막지 못하면 김치가 뭉그러져요.

김치는 0~4℃에서 보관하는 것이 가장 좋은데, 더 중요한 건 온도를 일정하게 유지하는 거예요. 냉장보관한 다음부터 자꾸 온도가 바뀌면 김치 맛이 금방 변해 버립니다.

김치를 잘 보관하는 3가지 TIP

① 김치는 빈틈이 생기지 않도록 담는다

김치를 용기나 김장봉투에 담을 때는 배춧속이 위로 향하게 하고, 줄기와 잎이 서로 교차되도록 방향을 바꾸며 담아요. 같은 방향으로만 계속 담으면 줄기부분과 잎부분의 두께가 달라 빈 공간이 생겨서 공기를 완전히 차단할 수 없어요.

② 김치는 통의 80%만 담고, 밀폐용기는 공기를 빼며 잠근다

김치는 익으면서 가스가 생기므로 통에 가득 채우면 부풀어오를 수 있어요. 따라서 80% 정도만 채우는 게 안전해요. 김치를 통의 80%만 빈틈없이 담은 다음, 비닐로 위를 덮고 누름돌로 꾹꾹 눌러 밀폐용기에 보관해요.

밀폐용기 뚜껑을 닫을 때는 짧은 면을 먼저 잠근 다음, 뚜껑의 가운데 부분을 손바닥으로 힘주어 눌러서 공기를 빼며 긴 면을 잠급니다.

③ 김장비닐을 사용할 때는 입구를 비틀어 공기를 빼고 여유 있게 묶는다

김장비닐을 사용할 때는 공기가 들어가지 않도록 눌러 담은 다음, 비닐을 들어올렸다가 다시 누르면서 여분의 공기를 빼요. 김치가 숙성되면서 김칫물과 가스가 생겨 비닐이 부풀어 오를 수 있으니, 비닐을 비틀어 주먹 두세 개 정도 여유를 주고 묶어요.

김치를 꺼내 먹을 때도 먹을 만큼만 덜어낸 다음, 배추가 김칫물에 잠기도록 꾹 누르고 김장비닐을 비틀어 묶어서 보관해요.

내가 만든
냉파김치!

실천마당

왕초보도 성공하는
냉파 김치 레시피!

왕초보도
쉽게 담그는

배추
김치

Key  word

식이섬유 풍부

변비 · 대장암 예방

콜레스테롤 감소

배추

고 르 는 법

① 한 포기 무게가 2.5~3kg 정도 되는 것

② 푸른 잎이 많고 속이 꽉 찬 것보다는 80~85% 정도 찬 것, 들었을 때 묵직하고 뿌리와 잎 중간 지점을 눌렀을 때 약간 탄성이 있는 것

→ 적당히 속이 차야 맛이 달아요. 속이 너무 꽉 차면 맛이 싱겁고, 골고루 절이거나 양념을 바르기 힘들어 김치에 적합하지 않아요.

③ 흰 줄기 부분이 무르지 않으며 단단하고, 푸른 겉잎이 붙어 있는 것

→ 배추의 푸른 잎이 들어가야 김치 맛이 시원해요.

O

X

속이 적당히 찬 배추, 김치 담그기에 적합하다.

속이 너무 꽉 찬 배추, 김치 담그기에 적합하지 않다.

얼갈이

활 용 법

잎이 크고 속이 꽉 찬 얼갈이는 통째로 김치를 담근다. 큰 잎만 떼어내 국을 끓이거나 겉절이, 무침, 생채로도 사용한다. 큰 잎을 떼어낸 얼갈이 속이나 크기가 작은 얼갈이로는 열무와 함께 물김치를 담그거나 잘박이 김치를 담근다.

고 르 는 법

① 줄기의 색이 희고 연하며 두께가 얇은 것

② 잎이 짙은 녹색이고 크기가 너무 크지 않은 것

손 질 법

얼갈이는 씻거나 손질할 때 뒤적거리면 풋내가 나기 쉬우므로 손에 힘을 빼고 살살 다룬다.

집 김치 vs 시판 김치 가격 비교

구매 시기와 구매처에 따라 금액에 차이가 있을 수 있습니다. 시판 김치는 온라인 기준 동일 중량 최저가,
김치 재료는 출간 당시 온라인 검색 결과 최저가 기준입니다. 시판되지 않는 종류의 김치는 같은 중량의 배추김치 가격을 기준으로 했습니다.

두 포기 배추김치

배추 2포기	4,300원
쪽파 100g	100원
김치 예산	4,400원
시판 김치 최저가	30,000원
최종 절약액	**25,600원**

찹쌀풀 없는 배추김치

배추 1포기	2,150원
쪽파 100g	100원
무 300g	200원
김치 예산	2,450원
시판 김치 최저가	15,000원
최종 절약액	**12,550원**

백김치

배추 1포기	2,150원
대파 1단	990원
김치 예산	3,140원
시판 김치 최저가	10,870원
최종 절약액	**7,730원**

굴 보쌈김치

배추 1/4포기	538원
굴 1봉	2,790원
무 1개	1,000원
김치 예산	4,328원
시판 김치 최저가(굴 미포함)	16,000원
최종 절약액	**11,672원**

얼갈이 물김치

얼갈이 1단	2,990원
쪽파 100g	100원
김치 예산	3,090원
시판 김치 최저가	9,000원
최종 절약액	**5,910원**

어린이 저염 김치

배추 1포기	2,150원
무 1개	1,000원
쪽파 100g	100원
김치 예산	3,250원
시판 김치 최저가	37,620원
최종 절약액	**34,370원**

4인 가족 1년 평균 김치 비용	냉파 김치 1년 예상 식비	1년 김치 비용
840,000원 —	120,000원 =	720,000원

절감 효과

그때그때 담가먹는
우리 집 기본 김치

두 포기
배추김치

배추 절이는 시간 + 조리
10시간 + 20분

취향에 따라 상온에서 1일 숙성 후
냉장보관 또는 바로 냉장보관

재 료 〰〰〰〰〰〰〰〰〰〰〰〰〰〰〰〰〰〰〰〰〰〰〰〰 만드는법

☐ 절임배추 2포기 ◆
☐ 쪽파 6~7줄기
◆ 배추 절이는 법은 40쪽 참고

| 찹쌀풀 | ◆◆
☐ 물 2컵
☐ 찹쌀가루 2스푼
◆◆ 찹쌀풀 만드는 법은 46쪽 참고

| 양념 |
☐ 고춧가루 4컵(350g)
☐ 배 1개(600g)
☐ 양파 작은 것 1개(130g)
☐ 액젓 1컵+2스푼
  (멸치 또는 까나리)
☐ 다진 마늘 3스푼
☐ 다진 생강 1스푼
☐ 새우젓 4스푼
☐ 설탕 4스푼
☐ 육수 1컵
  (황태 또는 다시마) ◆◆◆
◆◆◆ 육수 만드는 법은 42~43쪽 참고

1 | 양념 만들기 |

양념 재료인 배, 양파, 새우젓, 육수를 믹서에 넣고 곱게 갈아요. 식힌 찹쌀풀과 나머지 양념 재료를 잘 섞어 양념을 만들어요. 쪽파는 3~4cm 길이로 잘라 양념에 넣고 버무려요.

tip / 찹쌀풀은 미리 만들어 식혀둔다.

2 | 양념 바르기 |

물기를 쫙 뺀 배추에 양념을 한 장 한 장 골고루 펴 발라요. 잎부분은 대충, 줄기부분은 속까지 넉넉하게 발라요.

3 | 보관하기 |

김치통에 김장비닐을 깔고 김치를 켜켜이 넣은 다음 공기를 최대한 빼고 꼭 묶어요.

◆ 생김치를 좋아하면 바로 냉장고에 넣어요. 익혀서 먹는 게 좋으면 상온에 하루에서 하루 반나절 정도 두었다가 냉장고에 넣어두고 먹어요.

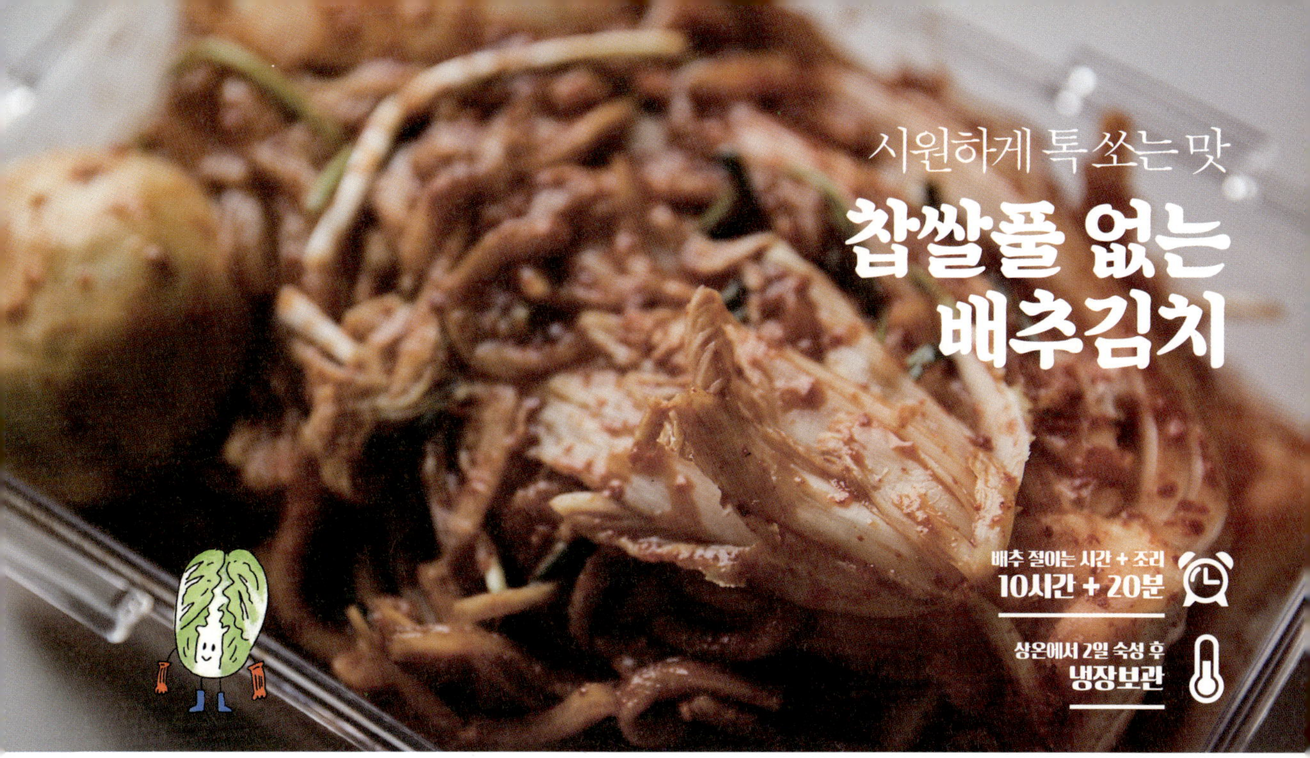

찹쌀풀 없는
배추김치

배추 절이는 시간 + 조리
10시간 + 20분 ⏰

상온에서 2일 숙성 후
냉장보관 🌡️

재 료　　　　　　　　　　　　　　　　　　　　　　　　　　　만드는법

□ 절임배추 1포기 ◆
□ 무채 3컵
□ 쪽파 20줄기
□ 고춧가루 1/2컵
◆ 배추 절이는 법은 40쪽 참고

| 양념
□ 고춧가루 3스푼
□ 설탕 2스푼
□ 새우젓 2+1/2스푼
□ 다진 마늘 1+1/2스푼
□ 다진 생강 1/2스푼
□ 멸치육수 1/2컵 ◆◆
□ 멸치액젓 4스푼
◆◆ 육수 만드는 법은 43쪽 참고

1 | 무채 버무리기 |
썰어둔 무채에 고춧가루(1/2컵)를 넣고 버무려
고춧물을 들여요.

2 | 양념 만들기 |
1에 양념 재료를 모두 넣고 잘 섞은 다음 쪽파를
2~3cm 길이로 썰어넣어 양념을 만들어요.

3 | 양념 바르기 |
물기를 쫙 뺀 절임배추에 양념을 한 장 한 장 골
고루 펴 발라요. 잎부분은 대충, 줄기부분은 속
까지 넉넉하게 발라요.

◆ 찹쌀풀을 넣지 않아 숙성에 시간이 조금 걸리
니, 상온에서 2일간 숙성해요.

재료만 갈면 끝! 깔끔 시원한 맛
백김치

조리 **20분**

상온에서 숙성 후
냉장숙성 1일

 초간단 백김치 만드는 법

절임배추 1포기, 다시마육수 14컵, 배 1/2개, 마늘 5알, 생강 1톨, 굵은소금 1스푼, 새우젓국물 2스푼, 설탕 6스푼을 준비해요. 다시마육수 1컵에 절임배추를 뺀 나머지 재료를 모두 넣고 곱게 간 다음 체나 면보에 걸러요. 거기에 나머지 다시마육수 13컵을 섞어 절임배추에 부은 다음 상온에서 16~18시간 숙성해 냉장보관하면 완성!

□ 절임배추 1포기 ◆
□ 사과 1/4개(65g)
□ 배 1/4개(100g)
□ 대파 1대
□ 생강 1톨
□ 홍고추 2개
□ 양파 작은 것 1개
　　(약 100g)
◆ 배추 절이는 법은 40쪽 참고

| 김칫물 |
□ 사과 1/4개
□ 배 1/4개
□ 마늘 7알
□ 물 11컵
□ 생강 1톨
□ 굵은소금 1스푼
□ 설탕 4스푼

1 | 김칫물 재료 갈기 |

믹서기나 블렌더에 사과, 배, 마늘, 생강, 물(1컵)
을 넣고 곱게 갈아 면보에 걸러요.

2 | 김칫물 만들기 |

면보에 거른 즙에 물(10컵), 굵은소금, 설탕을 넣
고 완전히 녹여요.

tip / 이 상태의 물은 맛보면 싱겁지만 절임배추에 붓고 숙
성하면 나중에 간이 맞는다.

3 | 김칫물 붓기 |

밀폐용기나 김장비닐에 절임배추, 배, 사과, 양
파, 대파, 홍고추를 넣어요. 2에서 만든 김칫물
을 부은 다음 공기를 최대한 빼고 단단히 묶어
실온에서 숙성해요.

◆ 실온에서 숙성하면 시큼한 냄새가 나면서 김
장비닐에 뽀글뽀글 기포가 보여요. 이 상태에서
비닐을 풀지 말고, 그대로 냉장고에 넣어 하루
정도 됐다가 차갑게 먹어요.

시원한 굴에 부드러운 고기까지 완벽!
굴 보쌈김치

우윳빛깔 굴굴굴!

🕐 무 절이는 시간 + 조리
3~5시간 + 10분

🌡 취향에 따라 상온에서 1일 숙성 후
냉장보관 또는 바로 냉장보관

 ### 넣어두기만 하면 완성되는 '전기밥솥 수육'

요즘 60~80℃ 물에 오래 담가 재료를 익히는 저온조리 방법인 수비드(sous-vide)가 뜨고 있어요.
수비드로 수육을 요리하면 시간은 오래 걸리지만 육즙이 많이 빠져나가지 않아 맛이 진해요.
보쌈김치용 무를 절이는 시간도 제법 걸리니, 수육을 먼저 준비해두고 김치를 담그는 것도
좋아요.

① 돼지고기 앞다리 또는 삼겹살이나 목살 600~650g을 끓는 물에 3분 정도 데쳐요. 또는 볼에
　넣고 뜨거운 물을 부어 3분 정도 그대로 뒀다가 찬물에 헹궈 불순물을 없애요.

② 돼지고기를 지퍼백에 담고 다진 마늘 2스푼, 간장 2스푼, 적당한 길이로 썬 대파 3대를 넣어요. 양념이 잘 묻도록
　문지른 다음 최대한 공기를 빼고 지퍼백을 닫아요. 다시 위생백에 넣어 이중으로 봉해요.

③ 전기밥솥에 뜨거운 물을 반 정도 채우고 위생백을 넣어요. 보온으로 설정하고 7~8시간 뒤에 꺼내 양념을 털어내
　고 돼지고기를 썰어요.

□ 절임배추 1/4포기 ◆
□ 굴 1봉(150g)
□ 쪽파 또는 실파 5~6줄기
◆ 배추 절이는 법은 40쪽 참고

□ 무 두 토막(700g, 지름
　　10cm, 두께 6~7cm)
□ 물엿 또는 올리고당 2/3컵

| 굴 씻는 물 |
□ 물 5컵
□ 굵은소금 1스푼
□ 밀가루 1~2스푼

| 양념 |
□ 고춧가루 9스푼
□ 설탕 1스푼
□ 다진 마늘 1스푼
□ 새우젓 2스푼
□ 멸치액젓 3스푼
□ 매실청 2스푼 ◆◆
□ 물 5스푼
□ 통깨 1스푼

◆◆ 매실청은 집에서 담가 사용해도
되고, 시중에서 판매하는 매실당을
이용해도 좋다. 올리고당이나 물엿으로
대체하고 기호에 따라 단맛을 조절해도
OK

◆◆◆단맛이 더 필요하면 기호에 따라
설탕이나 매실청을 조금 첨가한다.

1 | 무 절이기 |

무는 길이 6~7cm, 두께 1cm의 막대모양으로 썰
고, 물엿에 버무려 최소 3~5시간 정도 절여 물기
를 꼭 짜요. 쪽파 또는 실파도 깨끗이 손질해 무
와 같은 길이로 잘라요.

tip / 무를 물엿에 3시간 정도 절이면 수분이 빠져 약간 아
삭해지고, 5시간까지 절이면 꼬득해진다.

tip / 절인 무는 물에 행구지 않고 그대로 물기만 짜서 사
용한다.

2 | 굴 씻기 |

굴은 물, 굵은소금, 밀가루로 만든 소금물에 넣
고 살랑살랑 흔들어 깨끗이 씻어요. 그런 다음
체에 밭쳐 물기를 빼요.

tip / 굴을 씻을 때는 처음부터 마지막 행구는 물까지 소
금물로 씻는다. 밀가루나 무를 갈아서 넣고 살살 흔들어
씻으면 거뭇거뭇한 것들을 더 깨끗하게 씻어낼 수 있다.

3 | 양념 만들기 |

통깨를 제외한 모든 양념 재료를 골고루 버무려
양념을 만들어요.

tip / 양념을 만든 다음 10분 정도 됐다가 사용하면 고춧
가루가 불어서 더 잘 바를 수 있다.

4 | 양념 버무리기 |

양념 1/3 정도에 무와 굴을 넣고 골고루 버무린
다음 절반은 덜어내요.

tip / 무+굴무침 절반은 따로 덜어두었다가 보쌈과 같이
먹으면 좋다.

5 | 양념 버무리기 |

무+굴무침 절반 분량에 절임배추를 넣고 나머
지 양념을 넣어 배춧잎 한 장 한 장마다 잘 버무
린 뒤 통깨를 솔솔 뿌려요.

여름철 잃어버린 식욕을 책임지는
얼갈이 물김치

얼갈이 절이는 시간 + 조리
50분 + 10분

상온에서 24~36시간 숙성 후
냉장보관

 봄철에는 시원한 돌나물 물김치 만들기!

| 재료 |

☐ 얼갈이 400g   ☐ 굵은소금 40g   ☐ 물 1/4컵   ☐ 돌나물 1+1/2컵   ☐ 밀가루 3스푼   ☐ 물 2컵

물김치 국물: ☐ 물 2L   ☐ 까나리액젓 4스푼   ☐ 굵은소금 1/2스푼   ☐ 사과 1/3개   ☐ 양파 1/2개
☐ 마늘 4알   ☐ 설탕 1스푼   ☐ 홍고추 1개

얼갈이는 깨끗이 씻어 위 분량의 굵은소금과 물을 뿌려 절이고, 밀가루 3스푼과 물 2컵으로 밀가루풀을 만들어 식혀요. 홍고추는 굵게 다지고 양파, 사과, 마늘은 믹서기에 갈아요. 다진 홍고추, 식힌 밀가루풀, 소금, 까나리액젓, 양파·사과·마늘 간 것, 설탕을 섞어 김칫물을 만들고, 여기에 절인 얼갈이를 넣고 섞어요. 이대로 실온에서 하루, 냉장고에서 하루 숙성한 다음 먹을 때 깨끗하게 씻은 돌나물을 넣어 먹으면 돼요.

□ 얼갈이 1단(600g)
□ 양파 1개
□ 홍고추 3개
□ 쪽파 5줄기

| 절임물 |

□ 물 4컵
□ 굵은소금 4스푼
□ 뿌리는 소금 1스푼

| 찹쌀풀 | ◆

□ 물 1컵
□ 찹쌀가루 1스푼
◆ 찹쌀 만드는 법은 46쪽 참고

| 김칫물 |

□ 황태육수 또는 물 1컵 ◆◆
□ 까나리액젓 3스푼
□ 배 1/4개(100g)
□ 마늘 10개
   (또는 다진 마늘 2스푼)
□ 생강 1톨
   (엄지손가락 한 마디 크기)
□ 물 3컵
□ 꽃소금 1/2~1스푼
◆◆ 육수 만드는 법은 43쪽 참고

1 | 재료 손질하기 |

얼갈이는 뿌리부분을 잘라내고 한두 번 헹군 다음 반으로 잘라요.

2 | 절이기 |

물(4컵)에 굵은소금(4스푼)을 넣어 얼갈이 절임물을 만들어요. 여기에 손질한 얼갈이를 담가 살살 섞고 굵은소금(1스푼)을 뿌려 50분 정도 절여요. 깨끗한 물에 두 번 헹궈 체에 받쳐서 물기를 꼭 짜요.

tip / 얼갈이를 손질해서 절일 때는 풋내가 나지 않도록 문지르지 말고 살랑살랑 흔들어 씻는다.

3 | 재료 손질하기 |

양파는 두껍게 채 썰고 쪽파는 6~7cm 길이로 잘라요. 홍고추는 어슷하게 썰어요.

4 | 김칫물 만들기 |

김칫물 재료를 믹서기에 모두 넣고 곱게 간 다음 식힌 찹쌀풀을 섞어요.

tip / 찹쌀풀은 미리 만들어 식혀둔다.

5 | 김칫물 붓기 |

준비해둔 얼갈이, 양파, 쪽파, 홍고추에 김칫물을 붓고 잘 섞어요.

◆ 김치비닐로 잘 밀봉해서 상온에서 1~2일 정도 숙성한 다음 냉장보관하며 시원하게 먹어요.

맵지 않은 우리 아이 첫 김치

어린이 저염 김치

배추 절이는 시간 + 조리
3시간 + 30분

상온에서 18시간 숙성 후
냉장보관

 아이들도 먹을 수 있는 건강한 저염 김치 담그는 법

유산균이 풍부한 김치는 좋은 발효음식이지만, 소금과 고춧가루가 많이 들어가 염분이 많은 것도 사실입니다. 건강 때문에 저염식을 추구하는 어른도, 아직 자극적인 음식을 먹기엔 걱정스러운 아이도, 누구나 먹을 수 있도록 김치를 담글 때 염도를 낮추는 방법을 소개합니다. 배추를 절일 때 처음부터 소금 양을 절반으로 줄이는 대신 절이는 시간을 길게 잡아보세요. 또 생수 대신 다시마, 멸치, 황태, 소고기 등으로 육수를 내서 사용해보세요. 육수의 감칠맛이 맛을 채워줘서 소금 양을 줄여도 김치 맛이 부족하게 느껴지지 않아요.

☐ 배추 1포기
☐ 쪽파 10줄기
☐ 무 400g(나박썰어 3+1/2컵)

| 절임물 |
☐ 뜨거운 물 2컵
☐ 차가운 물 5컵
☐ 굵은소금 1컵
☐ 뿌리는 소금 1/2컵

| 찹쌀풀 | ◆
☐ 물 1/2컵
☐ 찹쌀가루 1/2스푼
◆ 찹쌀풀 만드는 법은 46쪽 참고

| 양념 |
☐ 빨간 파프리카 2개(300g)
☐ 양파 작은 것 1개(150g)
☐ 설탕 3스푼
☐ 다진 마늘 1스푼
☐ 고춧가루 2스푼
☐ 사과 1/2개(100g)
☐ 새우젓 2스푼
☐ 멸치액젓 2스푼
☐ 물 1/2컵

1 | 절이기 |

뜨거운 물과 차가운 물, 굵은소금(1컵)을 섞어 미지근하게 절임물을 만들어요. 4등분으로 자른 배추 사이사이에 절임물이 들어가도록 넣고, 남은 굵은소금(1/2컵)을 골고루 뿌려 3시간 동안 절여요. 2번 정도 헹군 다음 배춧속이 아래로 가도록 엎어서 물을 빼요.

2 | 재료 손질하기 |

절임배추는 바깥쪽 겉잎과 속잎으로 나눠 아이들이 먹기 좋게 2×2cm 크기로 잘라요. 무는 사방 2cm 크기로 나박썰기 해요. 쪽파는 뿌리를 깨끗이 손질하고 2~3cm 정도 길이로 잘라요.

3 | 양념 만들기 |

빨간 파프리카는 꼭지와 씨를 없애고 큼직하게 썰어요. 양파와 사과는 큼직큼직하게 자른 다음 나머지 양념 재료와 함께 믹서기에 넣고 곱게 갈아요.

4 | 양념 버무리기 |

손질한 배추, 무에 양념과 식힌 찹쌀풀을 넣고 잘 버무려요.

tip / 찹쌀풀은 미리 만들어 식혀둔다.

5 | 숙성하기 |

버무린 김치는 김장비닐에 담고 공기를 뺀 다음 꼭 묶어서 상온에서 18시간 숙성 후 냉장보관해요.

tip / 온도에 따라 숙성시간에 차이가 있을 수 있으니, 잔기포가 뽀글뽀글 올라오며 시큼하게 익은 냄새가 나는지 확인한다.

02

왕초보도 쉽게 담그는

무 김치

Key  word

소화 촉진

피부 미용

감기 치료

간 보호 · 숙취 해소

활용법

싱싱한 무청은 시래기를 만들거나 데쳐서 국거리로 사용해도 좋고, 소금에 절여 무청 김치를 만들어도 좋다.

무의 흰 부분은 조직이 단단하고 매운맛이 강해 국이나 전골, 조림, 육수 등에 사용한다. 초록 부분은 단맛이 많아 생채나 샐러드에 어울린다.

고 르 는 법

① 상처가 없고 잔털이 적은 것

② 단단하고 무거운 것

③ 무청이 붙어 있던 쪽 색이 선명한 초록색이고 흰 부분과 뚜렷이 구분되는 것

④ 흙이 묻어 있거나 무청이 달린 것

집 김치 vs 시판 김치 가격 비교

구매 시기와 구매처에 따라 금액에 차이가 있을 수 있습니다. 시판 김치는 온라인 기준 동일 중량 최저가,
김치 재료는 출간 당시 온라인 검색 결과 최저가 기준입니다. 시판되지 않는 종류의 김치는 같은 중량의 배추김치 가격을 기준으로 했습니다.

국물 깍두기

무 2kg	1,300원
김치 예산	1,300원
시판 김치 최저가	10,500원
최종 절약액	**9,200원**

겉절이 스타일 깍두기

무 1kg	1,000원
김치 예산	1,000원
시판 김치 최저가	4,500원
최종 절약액	**3,500원**

신 김치 스타일 깍두기

무 1kg	1,000원
김치 예산	1,000원
시판 김치 최저가	4,500원
최종 절약액	**3,500원**

나박김치

무 300g	200원
배추 250g	215원
쪽파 100g	100원
사과 1/4개	320원
김치 예산	835원
시판 김치 최저가	5,900원
최종 절약액	**5,065원**

초간단 동치미

무 1.5kg	1,000원
사과 1개	1,280원
대파 1단	990원
쪽파 100g	100원
홍고추 100g	2,300원
김치 예산	5,670원
시판 김치 최저가	12,900원
최종 절약액	**7,230원**

무 간장 피클

무 1kg	1,000원
청양고추 1봉	990원
김치 예산	1,990원
시판 김치 최저가	13,800원
최종 절약액	**11,810원**

4인 가족 1년 평균 김치 비용	냉파 김치 1년 예상 식비	1년 김치 비용
840,000원 —	**120,000원** =	**720,000원**

절감 효과

설렁탕 집에서 먹던 바로 그 맛!
국물 깍두기

무 절이는 시간 + 조리
30분 + 15분

상온에서 3일 숙성 후
냉장숙성 1~2일

 남은 김칫물, 요리로 활용하는 방법

김치를 다 먹고 나면 용기에 남는 김칫물. 버리자니 아깝고 그렇다고 모아두자니 이걸 어디에 쓰나 싶지요. 남은 김칫물은 체에 걸러서 양념을 제거한 다음 육수와 섞어서 김치말이 국수를 만들어 먹어도 좋고, 콩나물이나 오징어 등을 넣고 김칫국을 끓여도 좋아요. 김치전을 부칠 때 활용해도 좋고, 부대찌개나 매운탕을 끓일 때도 조금 넣으면 국물이 개운해져요.

□ 무 1개(2kg)

| 절임 재료 |

□ 굵은소금 2스푼
□ 설탕 4스푼

| 찹쌀풀 | ◆

□ 물 1컵
□ 찹쌀가루 1스푼

◆ 국물 깍두기는 찬밥이나 감자보다는 찹쌀풀이나 밀가루풀을 써야 국물이 가볍고 깔끔하다. 찹쌀풀 만드는 법은 46쪽 참고

| 양념 |

□ 고춧가루 6스푼
□ 새우젓 1스푼
□ 멸치액젓 1스푼
□ 매실청 4스푼 ◆◆
□ 설탕 1스푼

◆◆ 매실청은 집에서 담가 사용해도 되고, 시중에서 판매하는 매실당을 이용해도 좋다. 올리고당이나 물엿으로 대체하고 기호에 따라 단맛을 조절해도 OK

1 | 재료 손질하기 |

무는 껍질을 벗기지 않고 깨끗이 씻어 두께 1.5cm 정도의 부채 모양으로 썰어요. 그런 다음 굵은소금, 설탕(4스푼)을 넣고 버무려요.

2 | 무 절이기 |

30분 정도 그대로 두면 무에서 수분이 나와 물이 흥건하게 생겨요. 이 물은 버리지 말고 두세요. 절인 무도 헹구지 않고 그대로 양념할 거예요.

tip / 다른 일 하다가 깜빡하고 10~20분 정도 더 절여도 OK. 단, 너무 오래 절이면 무에서 수분이 지나치게 많이 빠져나와 아삭한 식감이 덜할 수 있다.

3 | 양념 만들기 |

찹쌀풀을 만들어 완전히 식힌 다음, 양념 재료를 모두 넣고 잘 섞어 양념을 만들어요.

tip / 미리 만들어둬야 고춧가루가 조금 불어서 양념이 찰지고 색깔도 예쁘다. 다른 김치도 최소 10분은 됐다가 버무리는 게 좋다.

4 | 양념 버무리기 |

30분쯤 뒤 절인 무에 양념을 붓고 잘 버무려요.

tip / 맵지 않게 고춧물을 연하게 들이고 싶다면 고춧가루를 1~2스푼 정도 줄여도 좋다.

tip / 더 빨리 숙성하려면 요구르트 1통을 넣어도 좋다. 유산균이 김치 발효를 도와 숙성 시간을 줄여준다.

5 | 숙성하기 |

잘 싸서 김장봉투나 김치통에 넣고 상온(20℃)에서 3일 정도 숙성해요. 그런 다음 냉장고에 넣고 1~2일 숙성하면 시원한 맛의 깍두기 완성!

◆ 3일 정도 지나면 거품이 뽀글뽀글 올라오면서 무 익은 냄새가 시큼하게 나요. 기온이 높은 여름에는 하루 만에도 숙성하므로 상태를 봐가며 냉장고로 옮겨요.

시지 않고 끝까지 똑같은 맛!
겉절이 스타일 깍두기

무 절이는 시간 + 조리
1시간 + 5분

냉장보관

한 걸음 더! 다양한 깍두기 활용법

최근 TV 프로그램 등에서 깍두기를 잘게 썰어 넣은 깍두기 볶음밥을 자주 볼 수 있어요. 먹는 중간중간에 아삭아삭 씹히는 식감이 좋아서 인기라고 해요. 잘 익은 깍두기는 깍두기 볶음밥 뿐만 아니라 생선조림에 무 대신 넣으면 시원하면서도 감칠맛 나게 먹을 수 있어요. 또 청국 장을 끓일 때도 작게 썰어서 넣으면 중간중간 새콤하게 씹혀서 더 맛있게 느껴진답니다. 청 국장을 끓일 때 한 번 도전해보세요.

□ 무 1개(1kg)

| 절임물 |
□ 소금 2+1/2스푼
□ 올리고당 또는 물엿 2/3컵

| 고춧물 |
□ 고춧가루 1스푼

| 김칫물 |
□ 새우젓 3스푼
□ 물 4스푼
□ 홍고추 2개 ◆
◆ 생략해도 OK

| 양념 |
□ 설탕 1+1/2스푼
□ 고춧가루 5스푼
□ 액젓 3스푼(멸치 또는 까나리)
□ 다진 마늘 1+1/2스푼
□ 올리고당 3스푼
□ 다진 생강 1/2스푼 ◆◆
◆◆ 생강즙 1스푼으로 대체 가능, 생강가
루를 활용해도 OK

1 | 무 절이기 |

무는 깨끗이 씻어 사방 1.5cm 정도 크기로 깍뚝
썰기해요. 깍뚝썰기한 무에 절임물 재료를 넣어
잘 버무리고, 중간에 한두 번 뒤적여가며 1시간
동안 절여요. 절인 무는 물에 헹구지 말고 체에
밭쳐 물기를 빼요.

tip / 올리고당이나 물엿을 무와 버무려두면 무에 단맛이
배면서 수분이 빠져나가 식감이 꼬들꼬들해진다. 여기에
양념을 버무리면 꽤 오랫동안 익지 않아 겉절이 느낌으로
먹을 수 있다.

2 | 고춧물 들이기 |

무에 고춧가루(1스푼)를 넣고 잘 버무려 고춧물
을 들여요.

tip / 무에 마른 고춧가루를 넣어 빨갛게 색을 입힌 다음
양념을 넣고 버무리면 색도 예쁘고 양념도 더 잘 묻는다.

3 | 김칫물 만들기 |

믹서기에 김칫물 재료를 넣고 갈아요.

tip / 홍고추가 없을 때는 믹서기를 쓰지 않고 새우젓을
칼로 다져서 사용해도 된다.

tip / 집에 믹서기가 없다면 재료를 잘 다져서 섞어 사용
해도 OK

4 | 양념 만들기 |

양념 재료를 모두 섞어 양념을 만들어요.

tip / 만들어서 10분 정도 두면 고춧가루가 불어서 양념을
더 잘 바를 수 있다. 무를 절이는 동안 만들어둔다.

5 | 양념 버무리기 |

고춧물을 들인 무에 3, 4의 양념을 넣고 잘 버무
려 밀폐용기에 담아요.

◆ 겉절이 스타일로 먹는 김치이므로 상온에서
숙성하지 않고 바로 냉장보관해요.

밥에도 고기에도 찰떡궁합!
새콤시원한

신 김치
스타일
깍두기

조리
15분

상온에서 1~2일 숙성 후
냉장보관

재료

만드는법

□ 무 1개(1kg)

| 양념 |

□ 설탕 1+1/2스푼
□ 고춧가루 5스푼
□ 액젓 5스푼(멸치 또는 까나리)
□ 다진 마늘 1스푼
□ 다진 생강 1스푼
□ 새우젓 1/2스푼

1 | 고춧물 들이기 |

무는 사방 1.5cm로 깍뚝썰기하고, 고춧가루(1스푼)를 넣어 고춧물을 들여요.

tip / 이 깍두기는 무를 절이지 않고 바로 만든다.

2 | 양념 만들기 |

양념 재료를 모두 섞어 양념을 만들어요.

tip / 미리 만들어서 10분 정도 두면 고춧가루가 불어서 양념을 더 잘 바를 수 있다.

3 | 양념 버무리기 |

고춧물을 들인 무에 양념을 넣고 잘 버무린 다음, 밀폐용기에 옮겨 담아요.

◆ 실온에서 하루나 이틀 정도 익힌 다음 냉장보관해요.

사이다보다 속 시원한
나박김치

조리
30분

상온에서 1일 숙성 후
냉장숙성 1~2일

□ 무 1/3개
　(300g, 나박썰어 3컵)
□ 배추 6장
　(250g, 나박썰어 5컵)
□ 쪽파 1/2컵
□ 사과 1/4개

| 김칫물 |
□ 미지근한 물 12컵
　(뜨거운 물 2컵 + 찬물 10컵)
□ 꽃소금 3스푼
□ 설탕 5스푼
□ 고춧가루 4스푼
□ 다진 마늘 2스푼
□ 다진 생강 1스푼 ◆

◆ 생강이 없으면 생강즙이나 생강가루를
사용해도 OK
◆◆ 무, 배추 외의 재료는 사과, 배, 오
이, 미나리 등 다양하게 활용 가능

1 | 재료 손질하기 |

무, 배추, 사과는 사방 2~2.5cm, 두께 0.5cm로
나박썰고 쪽파는 2~2.5cm 길이로 썰어요.

tip / 무, 배추를 절이면 동동 뜨지 않고 가라앉으므로, 나
박김치를 담글 때는 절이지 않고 바로 사용한다.

2 | 김칫물 만들기 |

큰 볼에 고춧가루, 다진 생강, 다진 마늘을 제외
한 모든 재료를 넣고 잘 섞어요. 고춧가루, 다진
생강, 다진 마늘을 다시백이나 면보에 넣고 재료
를 섞은 물에 담가요. 고춧가루가 불으면 숟가
락으로 꼭꼭 눌러 고춧물을 내요.

tip / 마늘, 생강을 즙으로 넣을 경우 마늘즙 1스푼, 생강
즙 1/2스푼 사용

3 | 보관하기 |

용기에 손질한 무, 배추, 사과를 넣고 김칫물을
부어요.

tip / 쪽파와 미나리는 처음부터 같이 넣고 숙성해도 된
다. 하지만 색이 누렇게 변할 위험이 있으므로 숙성 후에
넣어야 보기에 좋다.

막힌 속이 뻥! 자연 소화제
초간단 동치미

무 절이는 시간 + 조리
60분 + 10분

상온에서 2일 숙성 후
냉장숙성 10일 이상

 시원한 동치미 배 국수

만들어둔 초간단 동치미 김칫물에 배를 넉넉하게 갈아 넣고 국수를 삶아 넣어요. 동치미 무도 위에 얹어요. 이대로 먹어도 시원하고 맛있지만, 차돌박이를 볶음간장에 들들 볶아 함께 먹어도 잘 어울려요.

□ 무 1개(1.5kg)
□ 사과 1개
□ 양파 1개
□ 대파 1대
□ 쪽파 10줄기
□ 홍고추 3개
□ 통마늘 6~7개

| 김칫물 |
□ 생수 3L
□ 굵은소금 5스푼
□ 설탕 4스푼
□ 사이다 2컵

| 절임 재료 |
□ 굵은소금 3스푼

1 | 재료 손질해서 절이기 |

무는 껍질을 깨끗이 씻어 1~1.5cm 두께, 길이 4~5cm의 막대 모양으로 썰어요. 여기에 굵은소금(3스푼)을 뿌려 1시간 정도 절여요. 절이는 중간에 무를 한 번 뒤집어요.

2 | 김칫물 만들기 |

생수에 굵은소금(5스푼), 설탕, 사이다를 넣고 잘 저어 김칫물을 만들어요.

3 | 재료 손질하기 |

사과, 양파는 4등분하고 쪽파, 대파는 깨끗이 손질해 적당한 길이로 잘라요. 김치통이나 용기에 김장비닐(소)을 넣고 손질한 재료를 담아요.

4 | 보관하기 |

절인 무와 무에서 나온 수분을 3에 그대로 담고 만들어둔 동치미 국물을 부어요. 공기를 빼고 비닐을 꽉 묶어요.

◆ 초간단 동치미는 상온에서 2일, 냉장고에서 10일 숙성 후부터 먹을 수 있어요. 오래 숙성할수록 맛이 좋아져요.
냉장고에서 10일 정도 숙성하면 국물이 뽀얗게 변하면서 시큼한 발효향이 나요. 시간이 지날수록 톡 쏘는 맛이 더 강해져요.

아삭함이 일품! 매콤한 깊은 맛
무 간장 피클

⏰ 조리
10분

🌡️ 상온에서 1일 숙성 후
냉장숙성 2일

피클 재료가 위에 동동 떠서 잠기지 않을 때는?

용기가 커서 재료가 위로 동동 뜨면 제대로 숙성되지 않을 수 있어요. 이럴 땐 위생백에 물을 약간 담고 묶어서 재료 위에 올리고 뚜껑을 닫아요. 누름돌이 있다면 사용하고 작은 접시 등을 이용해 눌러줘도 좋아요. 락앤락 등의 밀폐용기 회사에서는 숨쉬는 구멍, 누름판 등 장아찌를 편하게 담글 수 있게 다양한 기능을 추가한 제품을 판매하고 있으니 활용해보세요.

☐ 무 1개(1kg)
☐ 청양고추 4개
☐ 홍고추 2개 ◆
　◆ 생략 가능

| 피클물 |
☐ 물 3컵
☐ 식초 1컵
☐ 설탕 2/3컵
☐ 간장 2/3컵

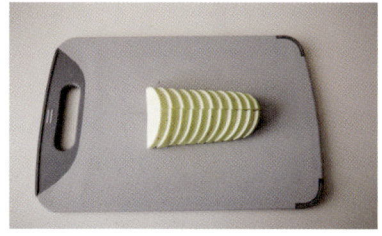

1 | 재료 손질하기 |

무는 깨끗이 씻어서 부채꼴 모양에 0.5~1cm 두께로 잘라요.

tip / 껍질을 벗기지 않고 깨끗이 씻어 껍질째 사용한다. 필러로 겉을 한 번 깎아내도 좋다.

2 | 재료 손질하기 |

청양고추와 홍고추도 무와 비슷한 두께로 썰어요.

tip / 양파, 편으로 썬마늘 등을 함께 넣고 만들어도 된다.

3 | 피클물 만들기 |

식초를 제외하고 피클물 재료를 모두 냄비에 넣고 설탕이 녹을 정도로 끓여요. 불을 끄고 식초를 부어 한소끔 식혀요.

4 | 피클물 붓기 |

피클물이 식을 동안 적당한 용기에 재료를 옮겨 담고, 그 위에 피클물을 부어요.

tip / 피클물 온도는 너무 뜨겁지 않고 미지근한 정도면 OK. 내열 유리용기를 사용하면 뜨거운 피클물을 바로 부어도 괜찮다.

◆ 상온에 하루 정도 두었다가 냉장고에 넣고, 만든 지 3일째부터 먹어요.

03

왕초보도
쉽게 담그는
총각무 &
열무 &
양배추
김치

Key word

총각무는 소화 촉진

열무는 혈압 안정, 시력 보호

양배추는 변비 예방, 위염 완화

∼∼∼∼∼ 총각무 ∼∼∼∼∼

고 르 는 법

① 뿌리 아래쪽이 위쪽보다 굵으며 통통한 것

② 단단하며 크기가 고른 것

③ 무청이 짤막하고 통통하며 연한 것

④ 무청이 싱싱하고 많이 달린 것

∼∼∼∼∼ 열무 ∼∼∼∼∼

손 질 법

열무는 손질해서 씻을 때 너무 뒤적거리면 풋내가 나기 쉬우므로 손에 힘을 빼고 살살 다룬다.

고 르 는 법

① 줄기와 잎이 연하고 길이가 너무 길지 않은 것

→ 잎이 억세면 질기고 향이 덜해요.

② 줄기가 연초록색이고 까슬까슬한 잔털이 있는 것

③ 줄기를 꺾을 때 톡 부러지는 소리가 나는 것

④ 꺾었을 때 줄기 단면이 비어 있지 않고 수분감이 있는 것

∼∼∼∼∼ 양배추 ∼∼∼∼∼

고 르 는 법

① 겉잎이 초록색인 것

→ 흰 양배추는 오래된 초록색 겉잎을 떼어 낸 거라 싱싱하지 않아요.

② 모양이 둥근 것

③ 눌러 보았을 때 단단한 것

④ 비슷한 크기와 비교할 때 무거운 것

→ 시간이 지날수록 수분이 빠져 단단함과 무게가 줄어들어요.

집 김치 vs 시판 김치 가격 비교

구매 시기와 구매처에 따라 금액에 차이가 있을 수 있습니다. 시판 김치는 온라인 기준 동일 중량 최저가,
김치 재료는 출간 당시 온라인 검색 결과 최저가 기준입니다. 시판되지 않는 종류의 김치는 같은 중량의 배추김치 가격을 기준으로 했습니다.

총각무 김치

총각무 1.5kg	4,120원
쪽파 100g	100원
김치 예산	4,220원
시판 김치 최저가	18,000원

최종 절약액   **13,780원**

총각무 피클

총각무 600g	2,000원
김치 예산	2,000원
시판 김치 최저가	6,900원

최종 절약액   **4,900원**

열무 잘박이 김치

열무 1kg	3,650원
김치 예산	3,650원
시판 김치 최저가	15,000원

최종 절약액   **11,350원**

양배추 김치

양배추 1kg	2,480원
무채 350g	230원
김치 예산	2,710원
시판 김치 최저가	13,500원

최종 절약액   **10,790원**

양배추 물김치

양배추 600g	1,480원
무 200g	150원
홍고추 100g	2,300원
대파 1단	990원
김치 예산	4,920원
시판 김치 최저가	6,000원

최종 절약액   **1,080원**

중국식 양배추 피클

양배추 500g	1,240원
홍고추 100g	2,300원
꽈리고추 100g	1,800원
김치 예산	5,340원
시판 김치 최저가	9,800원

최종 절약액   **4,460원**

절감 효과

4인 가족 1년 평균 김치 비용	냉파 김치 1년 예상 식비	1년 김치 비용
840,000원 —	**120,000원** =	**720,000원**

통째로 씹어 먹는 아삭함!

총각무 김치

⏰ 총각무 절이는 시간 + 조리
1시간 30분~2시간 + 25분

🌡️ 상온에서 2~3일 숙성 후
냉장숙성 1~2일

 TIP **김치 담그고 남은 무청으로 만드는 무청 나물**

김치를 담글 때 무청을 함께 넣어 담가도 좋지만, 따로 빼뒀다가 썰어서 국에 넣어도 좋고 나
물로 무쳐도 좋아요. 국간장 2 : 참기름 2 : 다진 마늘 1의 비율로 무치면 만능 간장 나물 양념
이 되거든요. 무청을 잘게 썰어 나물 양념에 무친 다음 프라이팬에서 볶으면 맛있는 무청 나
물이 됩니다.

☐ 총각무 1단(1.5kg)
☐ 쪽파 한 줌(10뿌리)

| 절임물 |

☐ 찬물 5컵
☐ 뜨거운 물 3컵
☐ 굵은소금 4스푼
☐ 뿌리는 소금 3스푼

| 찹쌀풀 | ◆

☐ 물 또는 육수 1컵 ◆◆
☐ 찹쌀가루 1스푼

◆ 찹쌀풀 만드는 법은 46쪽 참고, 미리
만들어뒀다가 식혀서 사용

| 양념 |

☐ 고춧가루 1컵
☐ 육수 2컵 ◆◆
☐ 까나리액젓 10스푼
☐ 새우젓 1/2스푼
☐ 다진 마늘 3스푼
　(통마늘 7~8개)
☐ 다진 생강 1/3스푼
☐ 배 1/4개

◆◆ 육수에 황태, 표고버섯, 다시마를 넣
고 끓이면 시원하고 감칠맛이 난다. 육수
만드는 법은 42~43쪽 참고

1 | 재료 손질하기 |

총각무는 필러로 껍질을 벗기거나 수세미로 문
질러 씻어요. 시든 무청을 솎아내고 두어 번 헹
군 뒤, 씻은 총각무를 길게 2~4등분해요.

tip / 무청은 누렇게 뜬 죽정이만 솎아내고 그대로 담가도
좋고, 조금만 남기고 잘라낸 뒤 삶아서 국, 나물, 조림 등
으로 활용해도 OK

tip / 무청이 들어가면 더 시원한 맛이 난다. 무청이 너무
길 때는 3등분으로 잘라 담근다.

2 | 총각무 절이기 |

찬물과 뜨거운 물을 섞어 미지근한 물에 굵은소
금(4스푼)을 녹여 절임물을 만들고, 손질한 총각
무의 무 부분을 담가요. 나머지 굵은소금(3스푼)
을 뿌려 1시간 동안 절이고, 따로 잘라놓은 무청
부분을 담가 30분~1시간 동안 더 절여요.

3 | 물기 제거하고 재료 손질하기 |

절인 총각무를 찬물에 두 번 헹구고 체에 밭쳐
물기를 없애요. 쪽파는 깨끗이 씻어 5~6cm 길이
로 잘라요.

4 | 양념 만들기 |

육수(1컵), 고춧가루, 식힌 찹쌀풀을 섞어 고춧
가루를 불려요. 까나리액젓, 마늘, 배, 새우젓,
생강을 블렌더나 믹서에 넣고 곱게 갈아서 불린
고춧가루에 섞어요. 남은 육수(1컵)를 부어 믹서
에 남은 양념까지 헹궈 붓고 잘 섞어요.

tip / 믹서에 모든 재료를 한꺼번에 다 넣고 갈아 10분 정
도 뒀다가 사용해도 OK

5 | 양념 버무리기 |

물기를 뺀 총각무와 쪽파를 양념에 넣고 골고루
잘 버무려요. 밀폐용기에 넣은 뒤 비닐을 덮어
숙성하거나, 김장비닐(소)에 넣고 공기를 뺀 다
음 꼭 묶어 상온에서 2~3일, 냉장고에서 1~2일
숙성해요.

끓이고 담그기만 하면
색다른 맛으로 변신!

총각무
피클

🕙 조리
10분

🌡️ 상온에서 1일 숙성 후
냉장보관

☐ 총각무 6뿌리(600g)

| 피클물 |
☐ 물 2컵
☐ 식초 1컵
☐ 설탕 1컵
☐ 레몬 슬라이스 1조각 ◆
☐ 꽃소금 1스푼

◆ 레몬 슬라이스를 넣으면 상큼한 향이 입
맛을 더 돋궈준다. 생략해도 OK

1 | 재료 손질하기 |

총각무는 필러로 껍질을 벗기거나 수세미로 문
질러 깨끗이 씻은 뒤 길게 4등분해요.

tip / 무청은 4cm 정도 남겨두고 잘라서 끓는 물에 데쳐
물기를 꼭 짠다. 된장, 참기름, 다진 마늘에 조물조물 무쳐
나물로 먹거나 물을 부어 국으로 끓여 먹어도 좋다.

2 | 피클물 만들기 |

자른 총각무는 소독한 유리병에 담아둬요. 냄비
에 피클물 재료를 모두 넣고 팔팔 끓여요.

tip / 유리용기는 팔팔 끓는 물을 가득 붓고 10분 정도 그
대로 뒀다가, 물을 비우고 그대로 세워서 여분의 수분을
날린다. 거꾸로 엎어두면 수분이 날아가지 못해 용기에
습기가 찬다.

3 | 피클물 붓기 |

팔팔 끓는 피클물을 총각무가 담긴 유리병에 붓
고 레몬 슬라이스 한 조각을 넣어요. 피클물을
한김 식힌 뒤 따뜻할 때 뚜껑을 닫고 뒤집어요.

◆ 뚜껑을 닫아 무청까지 잘 절여지도록 뒤집은
상태로 상온에 하루 뒀다가 냉장고에 넣고 시원
하게 먹어요.

시원한 국물이 자박자박

열무 잘박이 김치

열무 절이는 시간 + 조리
1시간 + 20분

상온에서 1일 숙성 후
냉장보관

어리한 열무

재 료

만드는법

☐ 열무 1단(1kg)
☐ 양파 1개
☐ 쪽파 1줄기
☐ 삶은 감자 1개 ◆

◆ 감자를 넣으면 텁텁할 것 같지만, 김치
가 익으면 깔끔하고 시원한 맛이 난다.

│ 절임물 │

☐ 물 4컵
☐ 굵은소금 4스푼
☐ 뿌리는 소금 1스푼

│ 양념 │

☐ 홍고추 4개
☐ 마늘 6개
☐ 생강 1톨
☐ 까나리액젓 6스푼
☐ 배 1/4개(100g)

1 │ 재료 손질하기 │

열무는 뿌리를 칼로 긁거나 필러로 깎아 껍질을
벗겨요. 6~7cm 정도 길이로 자르고 뿌리가 큰
것은 반으로 갈라요. 양파는 굵게 채 썰고 쪽파
는 열무와 같은 길이로 썰어요.

2 │ 열무 절이기 │

물에 굵은소금(4스푼)을 풀어 절임물을 만들고,
손질한 열무를 담근 뒤 굵은소금(1스푼)을 뿌려
1시간 정도 절여요. 30분 뒤에 한 번 뒤집어요.
그런 다음 흐르는 물에 두어 번 헹궈서 건져 물
기를 빼요.

tip / 열무는 세게 문지르거나 손을 많이 대면 풋내가 나기
쉽다. 헹굴 때나 양념에 버무릴 때도 살살 다루는 것이 중요

3 │ 양념 버무리기 │

양념의 재료를 믹서에 모두 넣고 갈아 양념을 만
들어요. 열무, 양파, 쪽파, 삶아서 으깬 감자와
함께 버무려 용기에 담아요.

◆ 상온에서 하루 숙성 후 냉장숙성해요.

배추 귀한 여름에는 양배추로 담그자!
양배추 김치

양배추 절이는 시간 + 조리	상온에서 24시간 숙성 후
40분 + 20분	**냉장숙성 2~3일**

숙성시간은 계절에 따라 달라진다! 시간보다는 상태를 보는 게 정확

김치의 숙성시간은 계절에 따라 달라져요. 봄·가을에는 보통 24~28시간이 걸리지만 여름에는 12시간 만에도 시큼한 냄새가 올라올 정도로 익어요. 어떤 풀을 사용했는지, 어떤 재료를 사용했는지 등에 따라 변수가 많지요. 정확하게 시간을 맞춰 기다리기보다는 시큼한 향이 나면서 비닐 표면에 기포가 뽀글뽀글 올라올 때 냉장고에 넣어 익히는 게 좋아요.

여름에는 배추 대신 양배추 김치!

일반적으로 김치를 만들 때 배추와 무를 주로 사용하지만 추운 계절이 제철인 배추와 무는 여름에 비교적 비싸요. 늦은 봄과 여름에는 양배추 김치를 담가 먹는 걸 추천합니다.

□ 양배추 1통
　(1kg, 지름 18~20cm)
□ 무채 3+1/2컵
　(350g, 지름 10cm, 두께
　4cm)
□ 쪽파 5대 ◆
◆ 생략 가능

| 찹쌀풀 |
□ 물 2컵
□ 찹쌀가루 2스푼 ◆◆
◆◆ 찹쌀가루가 없으면 찬밥 1/3공기로
대체 가능. 찬밥을 사용할 때는 양념 1에
함께 넣고 갈아서 사용. 찹쌀풀 만드는 법
은 46쪽 참고

| 절임물 |
□ 물 7컵
□ 굵은소금 3스푼

| 양념 1 |
□ 양파 1/4개
□ 사과 1/2개
□ 다진 마늘 1스푼
□ 다시마육수 1+1/2컵 ◆◆◆
◆◆◆ 없으면 물로 대체해도 OK. 만드는
법은 42쪽 참고

| 양념 2 |
□ 고춧가루 9스푼
□ 액젓 3스푼(까나리 또는 멸치)
□ 새우젓 3스푼

1 | 재료 손질하기 |

양배추는 한입크기(사방 4~5cm)로 자르고, 심지
가 굵은 부분은 칼로 저미듯 잘라요.

tip / 양배추는 절이면 부피가 약간 줄어드니 조금 크다
싶게 잘라도 OK

2 | 절이기 |

냄비에 물을 붓고 굵은소금을 넣어 끓여요. 손
질한 양배추에 팔팔 끓는 절임물을 부어 20분간
절이고, 한 번 뒤집어서 20분간 더 절여요.

tip / 양배추에 뜨거운 소금물을 부어 절이면, 절이는 시
간도 덜 걸리고 아삭한 식감도 살릴 수 있다.

3 | 재료 손질하기 |

무는 4~5cm 길이로 곱게 채 썰고 쪽파도 4~5cm
길이로 잘라요.

tip / 쪽파는 없으면 생략 가능

4 | 양념 만들기 |

양배추를 절이는 동안 찹쌀풀을 미리 만들어 식
혀둬요. 양념 1 재료를 모두 믹서에 넣어 곱게
갈고, 여기에 양념 2 재료와 찹쌀풀을 넣고 잘 섞
어 양념을 만들어요.

tip / 찹쌀풀 대신 찬밥을 이용할 경우 양념 1을 갈 때 찬
밥 1/3공기를 같이 넣는다.

5 | 양념 버무리기 |

40분간 절인 양배추는 찬물에 두어 번 헹군 다음
체에 밭쳐 물기를 없애요. 여기에 쪽파, 무채, 양
념을 넣어 잘 버무려요.

6 | 보관하기 |

버무린 김치는 통에 담고 비닐로 위를 덮은 다음
뚜껑을 덮고 숙성해요. 또는 비닐이나 김장봉투
에 넣고 공기를 최대한 뺀 다음 숙성해요.

◆ 실온에서 24시간 숙성한 다음 냉장고에 넣고
2~3일 정도 숙성해서 먹으면 돼요.

냉장고 터줏대감 양배추 해결법!

양배추 물김치

🕐 양배추 절이는 시간 + 조리
20분 + 15분

🌡️ 상온에서 반나절 숙성 후
냉장보관

 TIP **믹서기 깨끗하게 씻기**

김치 양념이나 고기, 생선 같은 식재료를 믹서기로 간 다음 달걀껍데기를 이용하면 믹서기를 깨끗하게 씻을 수 있어요. 달걀껍데기와 식초를 준비하세요.

① 속까지 깨끗하게 씻은 달걀껍질 한 개와 식초 1/2스푼을 믹서기에 넣고 믹서기 절반 정도
로 물을 채워요.

→ 물을 많이 넣으면 거품이 생기면서 넘칠 수 있으니 주의하세요.

② 5초씩 서너 번 윙윙 돌린 다음 내용물을 따라 버리고 깨끗한 물을 담아 한 번 윙 돌려 헹궈
요. 그런 다음 깨끗이 씻어 말리면 돼요.

→ 꼭 완전히 건조해서 보관하세요. 잘 말리지 않으면 소용없답니다.

□ 양배추 1/2통(600g) ◆
□ 무 200g ◆
  (두께 5cm, 반달 모양)
□ 홍고추 1/2~1개 ◆◆
□ 고춧가루 2스푼
□ 대파 2대(10cm) ◆◆

◆ 양배추와 무는 기호에 따라 양을 조절한
다. 당근, 파프리카, 오이가 있다면 넣어
도 OK
◆◆ 홍고추와 대파는 생략 가능

| 절임물 |
□ 물 2컵
□ 굵은소금 2스푼

| 밀가루풀 | ◆◆◆
□ 밀가루 1+1/2스푼
□ 물 2컵

◆◆◆ 밀가루풀 만드는 법은 46쪽 참고

| 김칫물 |
□ 양파 1/3개
□ 사과 3쪽(135g)
□ 마늘 5알
□ 까나리액젓 5스푼
□ 물 8컵
□ 설탕 3스푼
□ 꽃소금 1/2스푼

1 | 밀가루풀 쑤기 |

냄비에 물과 밀가루를 넣고 잘 푼 다음 약불로
타지 않도록 저으면서 끓여요. 밀가루풀이 완성
되면 찬물이 담긴 스텐볼에 냄비째 담가 식혀요.

tip / 따뜻한 물에 밀가루를 풀면 밀가루가 익어버리므로,
반드시 찬물에 완전히 푼 다음 끓인다.

2 | 양배추 절이기 |

양배추는 한입크기로 잘라 한 장씩 떼어 씻고,
체에 밭쳐 물기를 없애요. 양배추에 절임물을
붓고 섞어 15분간 절인 다음 아래위로 한 번 더
섞어 5분간 더 절여요. 시간 엄수!

tip / 절인 양배추는 헹구지 않고 물기만 털어 사용

3 | 김칫물 만들기 |

믹서기에 사과, 마늘, 양파와 물(1컵)을 넣어 곱
게 간 다음 물(7컵)을 부으며 체에 걸러요. 식혀
둔 밀가루풀도 체에 걸러 넣은 다음 액젓과 설
탕, 꽃소금을 넣어 간을 맞춰요.

tip / 꽃소금은 1/3~1/2스푼으로 취향에 따라 조절한다.
조금 짜다면 먹을 때 물이나 사이다를 살짝 타도 맛있다.

4 | 재료 손질하기 |

무는 사방 2cm로 납작하게 썰고, 대파도 2cm 길
이로 썰어 넣어요. 홍고추도 함께 썰어 넣어요.

5 | 물김치 담그기 |

김치통에 손질한 재료들을 담고 김칫물을 부어요.

tip / 김치가 숙성되면서 가스가 생기므로 통을 가득 채우
지 말고 조금 여유를 둔다.

6 | 고춧물 내기 |

다시백에 고춧가루를 넣어 통에 걸쳐서 불려요.
상온(15~20℃)에 반나절 됐다가 조물조물 만져
고춧물을 짜낸 다음 다시백은 꺼내서 버려요.

tip / 만든 다음 날 먹어도 되지만, 3일째부터 먹으면 가장
맛있다.

매콤한 이국적 맛으로
새롭게 탄생!

중국식
양배추
피클

조리
20분

상온에서 1일 숙성 후
냉장보관

2 1 3

재 료 ～～～～～～～～ 만드는법

☐ 양배추 1/2통(500g)
☐ 마늘 5개
☐ 홍고추 1개
☐ 꽈리고추 2개
☐ 생강 1톨 ◆

◆ 생략 가능

| 피클물 |
☐ 물 1컵
☐ 식초 1컵
☐ 설탕 1컵
☐ 굵은소금 1스푼
☐ 고추기름 5스푼 ◆◆

◆◆ 생략 가능, 만드는 법은 98쪽 참고

1 | 재료 손질하기 |

양배추는 사방 2cm 정도로 큼직하게 자르고, 흐르는 물에 씻어 체에 밭쳐 물기를 없애요. 마늘, 생강은 얇게 편으로 썰고 홍고추, 꽈리고추는 어슷하게 썰어요.

tip / 양배추는 속이 촘촘하게 꽉 차있어 씻기가 쉽지 않지만, 잘라서 잎을 떼어내 씻으면 속까지 잘 씻을 수 있다.

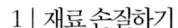

2 | 피클물 만들기 |

냄비에 피클물 재료를 모두 넣고 끓으면 불을 꺼요.

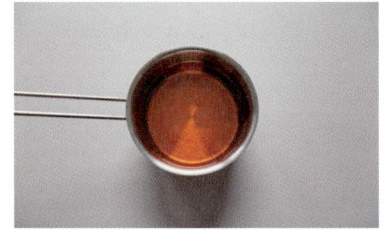

◆ 내열용기에 재료를 담고, 뜨거운 피클물을 부어 상온에 하루 뒀다가 냉장보관해요.

tip / 처음에는 양배추에 비해 피클물이 부족해보이지만, 시간이 지나면 양배추에서 물이 나오고 숨이 죽으면서 촉촉하게 다 잠긴다.

TIP 꽁치 통조림 하나 까서 팔팔 끓이면 얼큰 칼칼 찌개 완성! '꽁치 김치찌개'

냉장고 속에 김치를 채워두면 좋은 것 중 하나가, 저녁 반찬 고민될 때 꺼내서 김치찌개 하나 끓여 한 끼 뚝딱 해결할 수 있다는 거 아닐까요? 집마다, 취향 따라 돼지고기, 참치, 햄 등을 넣어 김치찌개를 끓이곤 하는데요. 꽁치를 넣은 꽁치 김치찌개도 얼큰 칼칼하고 큼직한 생선살이 들어있어 밥반찬으로도 좋고 저녁시간 안주로도 그만이에요. 요즘에는 김치찌개용 꽁치 통조림도 잘 나와 있어서 훨씬 간편하게 만들 수 있어요.

| 재료 |

□ 김치 2+1/2컵(1/4포기) □ 꽁치 통조림 1캔(400g) □ 대파 1대(15cm) □ 설탕 1스푼 □ 고춧가루 1+1/2스푼
□ 참기름 2스푼 □ 김칫물 5스푼 □ 다진 마늘 1스푼 □ 된장 또는 쌈장 1/2스푼 □ 물 또는 육수 2~2+1/2컵

| 만 드 는 법 |

① 뜨겁게 달군 냄비에 참기름을 두르고, 김치를 4cm 정도 폭으로 썰어 넣어요. 설탕과 고춧가루를 넣고 김치가 숨이 죽도록 중약불에서 5분 정도 볶아요.

② 1에 꽁치 통조림을 국물까지 모두 붓고, 김칫물, 다진 마늘, 된장, 물을 넣어 센불에서 끓여요.

③ 국물이 바글바글 끓으면 중약불로 줄여 20분 이상 뭉근하게 더 끓여요. 시간 여유가 있으면 물을 조금씩 추가하면서 더 오래 끓이면 깊은 맛이 나요.

④ 5cm 길이로 썬 대파를 올려 한소끔 더 끓여요. 마지막에 취향에 따라 후추를 약간 뿌리면 칼칼한 맛이 살아나요.

시판되는 김치찌개 전용 꽁치 통조림을 사용하면 누구나 손쉽게 꽁치 김치찌개를 끓일 수 있습니다. 김치찌개 전용 꽁치 통조림 1캔과 김치, 물을 넣고 중불에서 15~20분 끓이기만 하면 완성!

04

왕초보도
쉽게 담그는

오이 &
양파
김치

오이는 부종 완화,

이뇨작용, 해독 작용

양파는 피로 회복,

혈액순환 개선

오이

가시오이

청오이

백오이

종 류

① 가시오이: 색이 진하고 가시가 도드라지며 수분이 많다. 맛이 시원해 일반적으로 생채, 무침, 샐러드, 볶음류 등에 사용한다.

② 청오이: 맛은 가시오이와 비슷하나 색이 조금 더 짙고, 표면이 매끈하고 윤이 나며 가시가 없다.

③ 백오이: 크기가 작고 색이 연하며, 단맛이 있다. 상대적으로 수분이 적고 식감이 부드럽다. 오이소박이, 오이지, 오이피클, 장아찌 등 저장음식에 많이 사용한다.

고 르 는 법

① 꼭지가 마르지 않고 싱싱한 것

② 굵기가 너무 굵지 않으면서 일정하고 곧은 것

→ 굵으면 씨 부분이 많아 맛이 없어요.

③ 색이 선명하고 진한 것

④ 가시가 살아있는 것

양파

고 르 는 법

① 껍질이 축축하지 않고 잘 마른 것

② 광택이 있고 붉은빛이 도는 것

③ 단단하고 중량감이 있는 것

집 김치 vs 시판 김치 가격 비교

구매 시기와 구매처에 따라 금액에 차이가 있을 수 있습니다. 시판 김치는 온라인 기준 동일 중량 최저가,
김치 재료는 출간 당시 온라인 검색 결과 최저가 기준입니다. 시판되지 않는 종류의 김치는 같은 중량의 배추김치 가격을 기준으로 했습니다.

오이소박이

오이 4개	1,600원
부추 1단	1,290원
당근 1개	330원
김치 예산	3,220원
시판김치 최저가	10,000원

최종 절약액 **6,780원**

오이소박이 물김치

오이 5개	2,000원
무 150g	100원
사과 1/2개	640원
김치 예산	2,740원
시판김치 최저가	15,000원

최종 절약액 **12,260원**

중국식 오이김치 마라황과

오이 3개	1,200원
김치 예산	1,200원
시판김치 최저가	20,000원

최종 절약액 **18,800원**

오이지 & 오이지무침

오이 10개	4,000원
김치 예산	4,000원
시판김치 최저가	41,250원

최종 절약액 **37,250원**

오이 양파 절임

오이 3개	1,200원
홍고추 100g	2,300원
청양고추 1봉	990원
김치 예산	4,490원
시판김치 최저가	17,040원

최종 절약액 **12,550원**

양파 장아찌

김치 예산	0원
시판김치 최저가	16,000원

최종 절약액 **16,000원**

4인 가족 1년 평균 김치 비용
840,000원 — **냉파 김치 1년 예상 식비** 120,000원 = **1년 김치 비용** 720,000원

절감 효과

화려한 김치의 꽃!
오이소박이

오이 절이는 시간 + 조리
30분 + 10분

상온에서 24~36시간 숙성 후
냉장보관

 남는 오이로 간단하게 만드는 5분 '오이 초고추장 무침'

오이소박이나 오이소박이 물김치 등을 만들고 오이가 남거나 매콤새콤한 맛이 당긴다면, 5분 만에 간단히 오이 초고추장 무침을 만들어보세요. 밥반찬으로 먹기도 하고 소면과 골뱅이를 넣어 골뱅이무침으로도 즐길 수 있어요.

① 오이를 1개 준비해요. 굵은소금으로 껍질을 문질러 깨끗하게 씻고, 반으로 길게 갈라 티스푼으로 씨를 긁어낸 다음 어슷하게 썰어요.

② 고추장 5스푼, 식초 5스푼, 설탕 4스푼, 진간장 1/2스푼을 넣고 잘 섞어 초고추장을 만들어요.

③ 손질한 오이, 초고추장 3스푼, 통깨 1/2스푼을 넣고 무치면 완성!

☐ 오이 4개

| 김칫소 |
☐ 다진 부추 1+1/2컵
☐ 당근 1/2컵
　(2cm 길이로 채 썬 것)

| 절임물 |
☐ 물 2+1/2컵
☐ 굵은소금 3스푼

| 찹쌀풀 | ◆
☐ 물 1/2컵
☐ 찹쌀가루 1/2스푼
◆ 찹쌀풀 만드는 법은 46쪽 참고

| 양념 |
☐ 고춧가루 6스푼
☐ 설탕 2+1/2스푼
☐ 까나리액젓 7+1/2스푼
☐ 다진 마늘 1+1/2스푼

1 | 재료 손질하기 |

오이는 굵은소금으로 문질러 깨끗이 씻어요.
5cm 길이로 자른 뒤 십자(＋) 모양으로 4cm 깊
이의 칼집을 내요.

2 | 오이 절이기 |

물과 굵은소금을 섞어 절임물을 만든 뒤 손질한
오이를 넣어 30분간 절여요. 절인 오이는 헹구
지 않고 체에 밭쳐 물기를 없애요.

3 | 양념 만들기 |

볼에 찹쌀풀과 양념 재료를 모두 넣고 섞어 양념
을 만들어요. 여기에 다진 부추와 채 썬 당근을
넣어 잘 버무려요.

tip / 찹쌀풀은 미리 만들어 식혀둔다.

4 | 김칫소 채우기 |

절인 오이의 칼집 사이에 김칫소를 골고루 채워요.

◆ 완성된 오이소박이는 바로 먹어도 되고, 상온
에 24~36시간 숙성 후 냉장고에 보관하며 먹어
도 좋아요.

오이의 시원함이 100배!
오이소박이 물김치

⏰ 조리 **40분**

상온에서 1일 숙성 후
냉장보관 🌡️

 남은 김칫소 활용, 보기도 예쁘고 맛도 좋은 양파 물김치에 도전!

오이소박이 물김치를 담그고 나서 김칫소가 남았다면 양파 물김치에도 도전해 보세요. 양파가 잘리지 않게 아래쪽에 2cm 정도 남겨두고 8등분으로 칼집을 낸 다음, 오이를 재웠던 소금물에 20분 정도 절인 뒤 남은 김칫소를 채워 넣어요. 오이소박이 물김치와 함께 넣고 숙성하면 새콤시원한 양파 물김치가 돼요.

□ 백오이 5개(630g,
　보통 크기는 3~4개)

| 김칫소 |

□ 무 100~150g
　(지름 7cm, 두께 4cm)
□ 사과 1/2개
□ 감자 1개(200g, 중간 크기) ◆
◆ 감자는 생략 가능, 생강이 있으면 1톨
(엄지손가락 한 마디 정도) 정도 얇게 채
썰어 넣어도 OK

| 절임물 |

□ 물 5컵
□ 굵은소금 4스푼

| 김칫소 절임 재료 |

□ 까나리액젓 3스푼
□ 설탕 2스푼
□ 굵은소금 1/3스푼

| 김칫물 |

□ 물 5컵
□ 꽃소금 1/2스푼
□ 찹쌀풀 1/3컵 ◆◆
　(물 1/3컵+찹쌀가루 1/3스푼)
◆◆ 찹쌀가루가 없으면 밀가루로 풀을 쑤
어서 사용해도 좋다. 찹쌀풀 만드는 법은
46쪽 참고

1 | 오이 절이기 |

오이는 깨끗이 씻어 2~3등분한 다음 끝에서
1cm 정도 남겨두고 십자(十) 모양으로 칼집을
내요. 미지근한 물에 굵은소금(4스푼)을 녹이고
칼집 낸 오이를 담가 30분 정도 절여요. 둥글게
휘는지 확인한 뒤 물에 한 번 헹구고 체에 밭쳐
물기를 없애요.

2 | 재료 손질하기 |

무, 사과, 감자는 비슷한 길이로 얇게 채 썰고 마
늘도 얇게 채 썰어요. 감자채는 끓는 물에 20초
만 살짝 데친 후 찬물에 두어 번 헹궈 물기를 없
애요.

tip / 오래 데치면 뚝뚝 끊어지니 아주 얇은 채 기준으로
20~25초만 데친다.

3 | 김칫소 절이기 |

물기를 뺀 감자채와 나머지 김칫소 재료를 모두
섞고 까나리액젓, 설탕, 굵은소금을 넣고 버무려
10분간 절여요.

4 | 김칫소 채우기 |

절인 오이에 김칫소를 채워 넣어요. 김칫소 절일
때 나온 국물은 버리지 말고 김칫물에 섞어요.

5 | 보관하기 |

찹쌀풀을 쑤어 식히고, 김칫소 절일 때 나온 국
물과 물(5컵)에 꽃소금을 넣고 잘 섞어 김칫소를
채운 오이에 부어요. 상온에서 하루 정도 숙성
후 냉장고에 넣고 시원하게 먹어요.

◆ 상온에서 하루 정도 숙성하면 오이 색이 누렇
게 변하면서 국물에 작은 기포가 뽀글뽀글 올라
와요. 냉장고에 넣어두고 시원하게 먹어요.

새콤한 여름별미

중국식 오이김치 마라황과

⏰ 오이 절이는 시간 + 조리
15분 + 5분

🌡️ **바로 냉장보관**

고추기름 만들기

| 재료 | □ 고춧가루 2스푼 □ 식용유 8스푼 □ 다진 마늘 1스푼

전자레인지용 그릇에 고춧가루, 식용유와 다진 마늘을 넣고 잘 섞은 다음 30초간 조리, 꺼내서 10초 쉬고 다시 30초간 조리해요. 위에 뜬 빨간 기름만 사용해요. 한 번에 오래 돌리면 기름이 끓어 넘칠 수 있으니 꼭 30초씩 끊어서 돌리세요.

오이 대신 참외로 만드는 마라황과

여름에는 오이 대신 참외로 마라황과를 만들어도 맛있어요. 참외는 껍질을 벗기고 반으로 갈라 씨를 뺀 다음 과육만 썰어 양념에 버무려요. 마라황과를 거의 다 먹었을 때쯤, 국수를 삶아 찬물에 헹궈 물기를 꼭 짜서 김치를 조금 넣어 비벼 먹으면 새콤하고 시원한 여름별미가 돼요.

□ 백오이 3개

| 절임물 |
□ 소금 1+1/2스푼
□ 물 1/3컵

| 양념 |
□ 다진 마늘 2스푼
□ 고추장 1/2스푼
□ 된장 1/4스푼
□ 간장 2+1/2스푼
□ 식초 2스푼
□ 설탕 2스푼
□ 고추기름 2스푼

1 | 오이 손질하기 |

오이는 소금으로 껍질을 문질러 깨끗이 씻은 다음, 양쪽 꼭지를 잘라내고 길게 반으로 갈라 김밥 속을 만들 듯이 2~3등분해요.

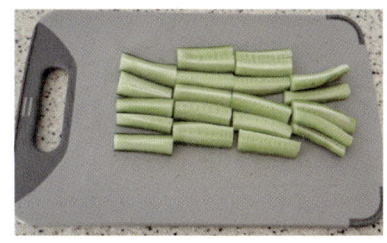

2 | 오이씨 없애기 |

칼을 눕혀 오이씨를 없앤 다음 4~5cm 길이로 썰어요.

tip / 오이씨를 그대로 두면 양념이 지저분해지고 물이 많이 생겨 맛이 텁텁해진다.

3 | 오이 절이기 |

손질한 오이에 절임물을 넣고 잘 섞어 15분간 절여요. 절이는 동안 생긴 물은 버리고 오이를 꽉 짜서 물기를 없애요.

tip / 너무 오래 절여서 오이가 짤 때는 차가운 물에 한 번 헹궈 물기를 짜내고 사용

4 | 양념 만들기 |

고추기름을 제외한 양념 재료를 모두 넣고 잘 섞은 다음, 마지막에 고추기름을 섞어서 양념을 만들어요.

tip / 고추기름을 처음부터 같이 넣고 섞으면 양념 맛이 잘 어우러지지 않을 수 있다.

5 | 양념 무치기 |

오이와 양념을 잘 섞어요.

tip / 마라황과는 바로 먹어도 맛있지만, 다음 날 먹으면 오이에 양념이 충분히 배고 국물도 촉촉하게 생겨 더 맛있다.

오독하고 꼬들꼬들한 식감이 최고!
오이지 & 오이지무침

오이 절이는 기간 + 조리
7일 + 10분

냉장보관

 전통적인 오이지 담그는 방법

오이지 담그는 전통적인 방법은 오이 8개 기준으로 물 1L에 소금 6스푼을 넣고 팔팔 끓인 다음 식초를 1컵 넣고 불을 끄는 거예요. 깨끗이 씻어 물기를 제거한 오이에 팔팔 끓인 절임물을 붓고 밀봉한 다음, 3일 후 절임물을 완전히 따라내고 바글바글 끓여 완전히 식혀서 다시붓고 밀봉해요. 이 과정을 3일 뒤에 한 번 더 반복해요. 이렇게 담그고 일주일 지난 후부터 먹을 수 있는데, 짠맛이 강하니 물에 잠깐 담가 짠맛을 빼고 먹어요. 하지만 이 방법은 물러지거나 곰마지가 생기는 등 초보가 하기엔 어려울 수 있으니 처음에는 이 책의 레시피로 도전해보세요. 이 방법으로 오이지를 담그면 여간해서는 실패하지 않아요.

☐ 백오이 10개

| 절임물 |

☐ 굵은소금 1/2컵
   (80g, 6스푼) ◆
☐ 설탕 1컵(160g)
☐ 식초 1컵(180g)
◆ 저염 레시피라 소금 양을 절반 가까이 줄
였으므로, 여름에 만들 때는 소금 양을 조
금 더 늘리거나 꼭 서늘한 곳에서 절인다.

☐ 올리고당 또는 물엿 1/3컵

| 무침양념 |

☐ 고춧가루 5스푼
☐ 참기름 5스푼
☐ 통깨 2+1/2스푼

1 | 오이 씻기 |

오이는 굵은소금으로 문질러 깨끗이 씻은 뒤 물
기를 완전히 없애요.

tip / 굵은소금으로 오이를 씻을 때 너무 세게 문질러 상
처가 나면 오이가 물러지기 쉬우니 주의

2 | 절이기 |

소금, 설탕, 식초를 섞은 비닐에 오이를 넣고 봉
한 다음 살살 굴려 오이에 절임물을 골고루 묻혀
요. 직사광선이 비치지 않는 서늘하고 통풍이
잘되는 곳에 두고 절여요.

tip / 김장비닐이 없으면 용기에 오이를 먼저 넣고 소금,
설탕, 식초를 섞어 오이 위에 골고루 뿌린다.

3 | 절이기 |

하루에 한 번씩 오이를 굴려 골고루 절여요. 사
진은 4일째 모습이에요. 비닐을 풀고 올리고당
이나 물엿을 넣어 다시 봉하고 3일간 더 절여요.

tip / 이틀째부터 색이 누렇게 변하면서 물이 많이 생기
고, 3일째부터 약간 쪼그라들기 시작한다.

4 | 보관하기 |

7일째에 오이지를 밀폐용기에 옮겨 담아 냉장보
관해요.

tip / 저염이라 소금 양을 줄여 완전히 쪼글거리지도 않
고, 물에 행궈 짠 기를 빼지 않아도 될 정도로 짜지 않으면
서도 아삭하고 꼬들꼬들한 중간 식감이 된다.

5 | 무치기 |

오이지는 그대로 썰어서 고춧가루, 참기름, 통깨
만 넣고 무쳐요. 기호에 따라 다진 마늘, 식초,
설탕을 추가해요.

tip / 오이지 두 개 기준으로 고춧가루 1스푼, 참기름 1스
푼, 통깨 1/2스푼을 넣어 무친다. 한 번에 다 무쳐서 먹어
도 좋지만 그때그때 조금씩 무쳐 먹어도 OK

입안, 깔끔하게 정리 완료!
오이 양파 절임

조리
10분

상온에서 1일 숙성 후
냉장숙성 3일 이상

 피클, 장아찌 더 오래 보관하는 방법

피클이나 장아찌는 원래 오래 보관하는 저장식품이기는 하지만, 너무 오래됐다 싶으면 먹기 불안해요. 피클이나 장아찌를 오래 보관할 때는 중간에 장아찌물만 따라서 팔팔 끓인 후 완전히 식혀서 다시 부으면 좀 더 오래 보관할 수 있어요.

□ 오이 3개
□ 양파 작은 것 1개
□ 홍고추 2개
□ 청양고추 3개

| 절임물 |
□ 물 2컵
□ 간장 10스푼
□ 국간장 5스푼
□ 식초 9스푼
□ 설탕 10스푼

1 | 재료 손질하기 |

오이는 깨끗이 씻어서 양쪽 끝부분을 잘라내요.
그런 다음 길게 반으로 잘라 작은 스푼으로 씨를
긁어내요.

2 | 재료 손질하기 |

씨를 긁어낸 오이를 한입크기로 썰고, 양파도 오
이와 비슷한 크기로 썰어요.

3 | 재료 손질하기 |

홍고추와 청양고추는 어슷하게 썰어요.

4 | 절임물 붓기 |

냄비에 식초를 제외한 절임물 재료를 모두 넣고
설탕이 녹을 때까지 끓인 다음, 식초를 넣고 섞
어 손질한 재료에 부어요.

tip / 절임물 양이 채소에 비해 부족한 것 같지만, 시간이
지나면 채소에서 물이 생겨 자작해진다.

tip / 식초를 마지막에 넣으면 집 안에 식초냄새가 덜 풍
긴다.

◆ 상온에 하루 놔두었다가 냉장고에 보관하고
3일째부터 먹으면 돼요.

느끼한 음식에 필수!

양파 장아찌

 조리
30분

 상온에서 1일 숙성 후
냉장숙성 4일 이상

재 료 〰〰〰〰〰〰〰〰〰〰〰〰〰〰〰〰〰〰〰〰〰〰〰〰〰 만드는법

☐ 장아찌용 양파 1망 ◆

◆ 장아찌용 양파는 수분함량이 적고 단단하며 당도가 높아 장아찌용으로 적당하다. 하지만 적양파, 햇양파, 저장양파 등 구분 없이 장아찌를 담글 수 있다.

| 절임물 |

☐ 간장 4컵
☐ 설탕 4컵
☐ 물 4~5컵
☐ 식초 4컵

1 | 재료 손질하기 |

껍질을 벗겨서 깨끗이 씻어 물기를 없앤 양파를 용기에 담아요.

tip / 유리용기는 팔팔 끓는 물을 가득 붓고 10분 정도 그대로 뒀다가, 물을 비우고 그대로 세워서 여분의 수분을 날린다. 거꾸로 엎어두면 용기에 습기가 찬다.

2 | 절임물 끓이기 |

냄비에 간장, 설탕, 물을 넣고 중불에서 바글바글 끓으면 식초를 넣고 불을 꺼요.

tip / 설탕이 다 녹을 때까지 끓인다.

3 | 양파 절이기 |

절임물이 뜨거울 때 양파에 붓고, 한김 식으면 뚜껑을 닫아 실온에 하루 정도 뒀다가 냉장고에 넣어요. 고추나 자투리 채소를 함께 넣어도 좋아요.

◆ 냉장고에 넣은 지 4일쯤부터 먹을 수 있고, 3주쯤 되면 속까지 완전히 맛이 들어요.

아삭한 오이김치로는 아직 덜 시원하다면? 오이냉국에 도전!

그냥 먹어도 시원하고 맛있는 오이. 이런 오이로 김치를 담그면 매콤 시원 아삭, 다양한 맛을 즐길 수 있어요. 하지만 무더운 여름에는 오이만으로는 갈증을 해소하기 부족할 때가 있지요. 그럴 때 오이만 썰면 5분 만에 완성할 수 있는 오이냉국을 만들어보세요. 육수를 냉동실에 넣어뒀다가 살얼음 동동 띄워 먹으면 오이냉국 한 모금으로 더위를 저 멀리 날려버릴 수 있을 거에요.

| 재료 |

☐ 오이 1/2개 ☐ 청양고추 또는 풋고추 1개 ☐ 홍고추 1/2개 ☐ 통깨 1/2스푼
☐ 다시마육수 2+1/2컵(500mL, 만드는 법은 42쪽 참고) ☐ 식초 4+1/2스푼 ☐ 국간장 1스푼 ☐ 설탕 2스푼

| 만드는 법 |

① 오이는 채 썰고 청양고추, 홍고추는 다져요.

② 다시마육수, 식초, 국간장, 설탕을 모두 섞어 냉국물을 만든 다음 냉장고에 넣어 차갑게 해요.

③ 차가운 냉국물에 손질한 오이와 청양고추, 홍고추, 통깨를 넣고 잘 섞어요. 이때 맛을 보고 싱거우면 소금보다는 국간장으로 간을 맞춰요.

05

왕초보도 쉽게 담그는 줄기 김치

Key word 65

파, 마늘종은
몸을 따뜻하게
갓은 해독 작용

대파

고르는 법

① 뿌리 쪽 흰 부분이 길고 통통하며 단단한 것

② 잎이 부서지지 않고 녹색이 분명한 것

쪽파 & 실파

고르는 법

① 뿌리 쪽 흰 부분이 상처 없이 매끈하고 싱싱한 것. 쪽파는 뿌리 쪽이 통통하니 둥글고, 실파는 길쭉하게 뻗어있다.

② 잎 부분이 지나치게 길지 않고 끝부분이 누렇거나 마르지 않은 것

③ 줄기와 잎의 색 경계가 선명하고 잎이 선명한 초록색으로 윤이 나며 탄력 있는 것

부추

고르는 법

① 길이가 너무 길지 않고 만졌을 때 부드러운 것

② 전체적으로 색이 진하고 선명한 초록색인 것

③ 윤이 나며 탄력이 좋은 것

갓

종류

① 청갓: 매운맛이 덜하고 식감이 부드러워 동치미나 백김치에 주로 사용한다.

② 홍갓: 김장철 배추김치를 담글 때 많이 사용한다.

③ 돌산갓: 여수 돌산읍에서 재배하는 갓으로 일반 갓에 비해 녹색이 선명하고, 톡 쏘는 매운맛이 덜하면서 식감이 부드러워 갓김치를 담그면 맛이 좋다.

고르는 법

① 잎이 노랗게 시들거나 검은 반점이 없는 것

② 줄기가 통통하고 연하며 솜털 같은 가시가 살아있는 것

마늘종

고르는 법

① 굵기가 일정하며 줄기가 단단한 것

② 줄기 끝의 봉오리가 단단하게 닫혀있는 것

집 김치 vs 시판 김치 가격 비교

구매 시기와 구매처에 따라 금액에 차이가 있을 수 있습니다. 시판 김치는 온라인 기준 동일 중량 최저가,
김치 재료는 출간 당시 온라인 검색 결과 최저가 기준입니다. 시판되지 않는 종류의 김치는 같은 중량의 배추김치 가격을 기준으로 했습니다.

대파 김치

대파 1단	990원
김치 예산	990원
시판 김치 최저가	12,750원

최종 절약액   **11,760원**

쪽파 김치

쪽파 1단	500원
김치 예산	500원
시판 김치 최저가	6,060원

최종 절약액   **5,560원**

실파 장아찌

실파 1단	2,160원
김치 예산	2,160원
시판 김치 최저가	6,330원

최종 절약액   **4,170원**

부추김치

부추 1단	1,290원
김치 예산	1,290원
시판 김치 최저가	5,000원

최종 절약액   **3,710원**

갓김치

갓 1단	9,900원
쪽파 100g	100원
김치 예산	10,000원
시판 김치 최저가	14,000원

최종 절약액   **4,000원**

마늘종 장아찌

마늘종 500g	3,300원
김치 예산	3,300원
시판 김치 최저가	6,330원

최종 절약액   **3,030원**

4인 가족 1년 평균 김치 비용   **냉파 김치 1년 예상 식비**   **1년 김치 비용**   절감 효과

840,000원 — 120,000원 = 720,000원

고기에 빼놓을 수 없는 맛!

대파 김치

🕐 조리 **20분**

🌡️ 상온에서 30~35시간 숙성 후 **냉장숙성 1주일**

☐ 대파 1단(750g)

| 찹쌀풀 | ◆

☐ 물 또는 황태육수 1/2컵 ◆◆
☐ 찹쌀가루 1/2스푼
　◆ 찹쌀 만드는 법은 46쪽 참고
　◆◆ 육수 만드는 법은 43쪽 참고

| 양념 |

☐ 고춧가루 5스푼
☐ 멸치액젓 8스푼
☐ 매실청 3스푼
☐ 설탕 2스푼

1 | 찹쌀풀 만들기 |

황태육수에 찹쌀가루를 완전히 풀고 전자레인지에 30초 돌린 후 잘 저어요. 다시 30초 돌리고 잘 저은 다음 완전히 식혀 찹쌀풀을 만들어요.

tip / 한 번에 오래 돌리면 찹쌀풀이 끓어넘칠 수 있으므로 30초씩 끊어서 돌린다.

2 | 재료 손질하기 |

대파 뿌리는 잘라낸 다음, 얇은 줄기는 그대로 사용하고 굵은 것은 반으로 갈라 4~5cm 길이로 잘라요.

tip / 대파는 줄기가 가늘어야 질기지 않아서 김치를 담그기에 좋다.

tip / 푸른 잎 끝부분은 따로 빼두었다가 육수를 낼 때 사용

3 | 양념 버무리기 |

볼에 손질한 대파를 담고 식힌 찹쌀풀과 양념 재료를 넣어 잘 버무려요.

tip / 대파, 쪽파로 담그는 김치는 재료 자체의 매운맛이 강해서 양념할 때 마늘, 생강은 넣지 않거나 조금만 넣는다.

108

단순한 재료로
깊은 맛이 나는

쪽파
김치

조리
20~40분 ⏰

상온에서 1~2일 숙성 후
냉장보관 1일 이상 🌡️

재료 ～～～～～～～～～～ 만드는법

□ 쪽파 1단(500g)

| 절임 재료 |
□ 액젓 1/2컵(멸치 또는 까나리)

| 찹쌀풀 | ◆
□ 물 또는 육수 2컵
□ 찹쌀가루 4스푼
◆ 육수는 다시마육수 또는 황태육수를 사
용. 만드는 법은 42~43쪽 참고

| 양념 |
□ 고춧가루 1컵
□ 물엿 2스푼

1 | 재료 손질해서 절이기 |

쪽파는 손질한 후 흐르는 물에 씻고 소쿠리에 받
쳐 물기를 빼요. 흰 부분을 볼에 담그고 볼을 살
짝 기울인 뒤, 액젓을 붓고 30분간 절여요.

tip / 흰 부분보다 초록색 잎 부분이 더 빨리 절여지기 때
문에 이렇게 하면 간이 골고루 밴다. 시간이 없으면 바로
양념을 만들어 버무려도 OK

2 | 찹쌀풀 만들기 |

찹쌀가루에 물이나 육수를 조금씩 넣으며 응어
리지지 않도록 풀어요. 다 풀리면 나머지 물을
넣고 불에 올려 찹쌀풀을 끓이고 완전히 식혀요.

tip / 쪽파 김치에 넣는 찹쌀풀은 농도가 되직하므로, 찹
쌀가루에 물을 조금씩 넣어가며 응어리가 없도록 푼 다음
풀을 쑤는 게 좋다.

3 | 양념 버무리기 |

쪽파를 절였던 액젓과 식힌 찹쌀풀, 양념 재료를
함께 섞어 양념을 만들어요. 양념에 쪽파를 넣
고 버무려 용기에 꼭꼭 눌러 담아요.

◆ 쪽파 김치는 버무려서 바로 먹어도 맛있지만
약간 매워서 숙성 후에 먹는 게 더 맛있어요.

부드러운 파향을
그대로 담은

실파 장아찌

조리
10분

실온에서 하루 숙성 후
냉장보관 일주일

만드는법

☐ 실파 300~400g

│ 장아찌물 │

☐ 간장 1/2컵
☐ 식초 2/3컵
☐ 다시마육수 1+1/2컵 ◆
 ◆ 육수 만드는 법은 42쪽 참고

☐ 설탕 1/2컵
☐ 국간장 2스푼
☐ 매실청 2/3컵 ◆◆
☐ 청주 1/2컵

◆◆ 매실청은 집에서 담가 사용해도 되
고, 시중에서 판매하는 매실당을 이용해도
좋다. 올리고당이나 물엿으로 대체하고 기
호에 따라 단맛을 조절해도 OK

1 │ 재료 손질하기 │

실파는 뿌리를 자르고 깨끗이 씻어 2~3등분해
요. 줄기 맨 끝부분은 양념이 잘 스며들도록 살
짝 잘라내요.

tip / 잘라낸 줄기 끝부분은 송송 썰어 간장, 참기름, 소금
을 넣고 파 양념장을 만들거나 쌈장에 버무려둬도 맛있
고, 찌개나 국에 고명으로 사용해도 좋아요.

2 │ 장아찌물 만들기 │

식초를 제외한 장아찌물 재료를 모두 넣고, 설탕
이 완전히 녹을 정도로 데운 다음 불을 끄고 식
초를 넣어요.

3 │ 장아찌물 붓기 │

밀폐용기에 손질한 실파를 흰 아랫부분과 초록
색 윗부분이 번갈아 오게 켜켜이 담고, 장아찌물
을 부어요.

tip / 장아찌물을 부으면 실파가 살짝 떠오르는데, 나무젓
가락을 용기 길이에 맞게 잘라 가로질러서 끼워두면 실파
가 떠오르는 걸 막을 수 있다.

바로 먹어 상큼하고
익혀 먹어 부드러운

부추김치

조리
20분

상온에서 1일 숙성 후
냉장보관

□ 부추 1단(500g)

| 양념 | ◆

□ 액젓 1/2컵(멸치 또는 까나리)
□ 황태육수 또는 다시마육수
  1/2컵 ◆◆
□ 고춧가루 1/2컵
□ 매실청 3스푼
□ 물엿 또는 올리고당 3스푼
□ 설탕 1스푼

◆ 부추김치에는 생강, 마늘, 파를 넣으면
쓴맛이 나므로 넣지 않는다.

◆◆ 육수는 양념을 버무리기 좋은 농도로
만들고 감칠맛을 주기 위해 넣는다. 1/3컵
정도로 양을 줄이거나 물로 대체, 또는 생
략 가능. 육수 만드는 법은 42~43쪽 참고

1 | 재료 손질하기 |

부추는 씻을 때 비비면 풋내가 나요. 흐르는 물
에 뿌리 부분부터 살랑살랑 흔들어 두세 번 씻은
뒤 체나 소쿠리에 담아 물기를 빼요.

tip / 절반 정도 길이로 잘라서 담가도 되고, 긴 부추 그대
로 담갔다가 먹을 때 잘라서 상에 내도 OK

2 | 양념 만들기 |

양념 재료를 모두 섞어 고춧가루가 불도록 10분
정도 그대로 둬요.

tip / 양념 재료 중 육수의 양을 줄이거나 생략해서 양념
의 농도가 되직해져도 부추를 무치는 데는 크게 문제가
없다. 무칠 때는 양념이 부족한 듯해도 시간이 조금 지나
면 자연스럽게 수분이 생긴다.

3 | 양념 버무리기 |

물기를 뺀 부추와 양념을 버무려 용기에 담아요.
상온에 하루 정도 두었다가 냉장고에 넣어요.

◆ 무처서 겉절이처럼 바로 먹어도 좋고, 하루
정도 상온에 뒀다가 숨이 죽으면 먹어도 좋아
요. 숙성할수록 깊은 맛이 나요.

111

양념만 바르면 끝! 톡 쏘는 맛
갓김치

갓 절이는 시간 + 조리
3시간 + 30분

상온에서 2~3일 숙성 후
냉장숙성 4~5일

 갓김치 활용방법

특유의 알싸한 맛이 매력적인 갓김치! 그냥 밥반찬으로 먹어도 맛있지만 요리에 활용하면 더욱 깊은 맛을 즐길 수 있어요. 생선조림을 할 때 갓김치를 넣으면 알싸한 향과 맛이 비린내를 잡아주고, 돼지등뼈로 감자탕을 끓일 때도 양념을 대충 씻은 갓김치 넣으면 잡내를 잡아줘요.

양념이 너무 짜서 먹기 힘든 갓김치가 있다면 양념을 씻어내고 물기를 꼭 짜서 송송 썬 다음, 물기를 제거한 으깬 두부와 함께 들기름에 볶아내면 맛있는 반찬이 돼요. 또 양념을 씻어내고 물기를 짠 다음 들기름에 살짝 무쳐서 참치나 삼겹살과 함께 김밥에 넣으면 특별한 별미가 된답니다.

□ 갓 1단
　(2.23kg → 손질 후 2kg) ◆
□ 쪽파 10~15줄기 ◆◆

◆ 갓은 줄기가 길고 연하며 솜털이 까슬까
슬한 것으로 고른다.

◆◆ 생략 가능

| 절임물 |

□ 물 15컵
□ 굵은소금 1컵
□ 뿌리는 소금 3~4스푼

| 양념 |

□ 양파 작은 것 1개(130g)
□ 찬밥 1컵 ◆◆◆
□ 까나리액젓 1컵
□ 물엿 또는 올리고당 4스푼
□ 마늘 10알(다진 마늘 5스푼)
□ 설탕 4스푼
□ 고춧가루 1+1/2컵(16스푼)

◆◆◆ 찬밥 대신 찹쌀풀을 사용할 경우 물
2컵에 찹쌀가루 2스푼을 넣고 덩어리가 없
도록 완전히 푼다. 이것을 약불에 올려 찹
쌀풀을 쑤고 완전히 식힌 다음 사용. 만드
는 자세한 방법은 46쪽 참고

1 | 재료 손질하기 |

갓은 누렇게 뜬 잎, 시든 잎 등을 골라내고 밑동
을 잘라낸 다음 깨끗이 씻어 체에 밭쳐 잠시 물
기를 빼요. 두꺼운 줄기부분과 연한 잎부분으로
나누어 잘라서 손질하면 골고루 절이기 좋아요.

tip / 자르지 않고 모양 그대로 담가도 OK

2 | 갓 절이기 |

미지근한 물에 굵은소금(1컵)을 녹여 절임물을
만들고, 갓 줄기 부분을 담근 뒤 소금(3~4스푼)
을 뿌려 2시간 동안 절여요. 절인 갓 줄기에 잎
부분을 넣고 1시간 동안 더 절여요.

tip / 한 시간 후에 위아래를 한 번 뒤집어주면 좋다.

3 | 물기 없애기 |

절인 갓은 물에 한 번만 헹구고 채나 소쿠리에
밭쳐 물기를 없애요.

tip / 갓은 배추처럼 물에 여러 번 씻으면 소금기가 빠지
면서 섬유질이 뻣뻣하게 살아난다. 따라서 헹구지 않거나
딱 한 번만 헹군 다음 그대로 채나 소쿠리에 밭쳐 물기를
빼고 사용해야 한다.

4 | 양념 만들기 |

믹서나 블렌더에 고춧가루를 제외한 모든 양념
재료를 넣고 곱게 갈아요. 여기에 고춧가루를
넣고 잘 섞어 양념을 만들어요.

tip / 찬밥을 넣으면 갓김치에 양념이 더 잘 붙어있고, 찹
쌀풀로 만들면 좀 더 깔끔한 맛이 난다.

5 | 양념 버무리기 |

물기를 뺀 갓에 양념을 넣고 버무려요. 김치통
이나 김장비닐에 차곡차곡 담은 다음 큰 잎으로
덮어 공기를 빼고 보관해요.

tip / 쪽파나 실파를 10~15줄기 정도 손질해 함께 버무려
두면 갓김치가 더 시원하고 맛있다.

◆ 실온에서 하루 정도 두면 국물이 자작하게 생
겨요. 이때 냉장고에 넣어도 되고, 조금 빨리 먹
고 싶으면 기포가 살짝 올라올 때까지 두었다가
냉장고에 넣고 하루에서 이틀 정도 숙성해요.
비닐을 풀지 않고 냉장숙성 시간을 충분히 줄수
록 맛이 깊어져요.

간장맛 고추장맛, 둘 다 한 번에 OK!
마늘종 장아찌

조리 **30분**

상온에서 **2일 숙성**

 TIP **장아찌 먹고 남은 절임물 활용방법**

마늘종을 건져내고 남은 1차 절임물은 그냥 간장이 아니라 육수가 들어간 데다가 마늘종과 함께 숙성되어 더 맛있어요. 팔팔 끓여서 양파, 마늘, 고추, 깻잎 등을 넣고 장아찌를 한 번 더 담가 먹어도 되고 파전, 튀김 등을 찍어 먹는 소스로 활용하거나 비빔밥 또는 비빔국수 양념 장으로 활용해도 좋아요.

□ 마늘종 1단
 (500g, 길이 40~45cm,
 25줄기)

| 절임물 |

□ 황태육수 1+1/2컵 ◆
□ 식초 1컵
□ 간장 10스푼
□ 설탕 6스푼

◆ 육수 만드는 법은 43쪽 참고

| 양념 |

□ 고추장 6스푼
□ 매실청 12스푼 ◆◆
□ 통깨 2스푼

◆◆ 매실청은 집에서 담가 사용해도 되
고, 시중에서 판매하는 매실당을 이용해도
좋다. 올리고당이나 물엿으로 대체하고 기
호에 따라 단맛을 조절해도 OK

1 | 재료 손질하기 |

마늘종은 양쪽 가장자리를 약간씩 잘라내고 깨
끗이 씻어 4~5cm 길이로 잘라요.

2 | 절임물 만들기 |

냄비에 절임물 재료 중 식초를 제외한 모든 재료
를 넣고 팔팔 끓인 다음 불을 끄고 식초를 넣어
섞어요.

tip / 식초를 처음부터 함께 넣고 끓이면 식초 냄새가 집
안 가득 차서 잘 빠지지 않는다. 마지막에 넣으면 냄새를
줄일 수 있다.

3 | 절임물 붓기 |

밀폐용기에 자른 마늘종을 담고 끓인 절임물을
부은 다음, 뚜껑을 닫고 실온에 2일간 둬요.

◆ 마늘종 장아찌를 실온에서 2일간 숙성하면
색이 변하고 속까지 맛이 잘 배어들어요. 그대
로 간장 장아찌로 먹어도 되고, 양념에 빨갛고
윤기 나게 버무려 먹을 수도 있어요.

4 | 양념 버무리기 |

절인 마늘종에 양념을 분량대로 넣고 버무려요.

tip / 절인 마늘종 1컵 기준으로 고추장 1+1/2스푼, 매실
청 3스푼, 깨 1/2스푼 넣고 그때그때 버무려 먹어도 좋다.

06

왕초보도
쉽게 담그는
줄기 &
과일
김치

Key  word

달래는 혈액순환 개선,

빈혈 예방

고구마줄기는 소화 촉진

연근은 고혈압 예방

달래

활 용 법

알뿌리가 크고 향이 강한 것은 된장찌개에 넣으면 좋고, 크기가 중간인 것은 무침으로 먹기 좋다.

고 르 는 법

① 알뿌리가 단단하고 너무 크지 않은 것

② 잎의 색이 짙고 부드러운 것

고구마줄기

고 르 는 법

① 줄기가 너무 가늘지 않고 통통한 것

② 줄기가 무르거나 마르지 않고 단단한 것

연근

고 르 는 법

① 양쪽 마디가 모두 있는 것

→ 마디가 없으면 안에 진흙이 들어가 있을 수 있어요.

② 흙이 묻어있는 것

③ 적당히 굵고 너무 짧거나 길지 않은 것

집 김치 vs 시판 김치 가격 비교

구매 시기와 구매처에 따라 금액에 차이가 있을 수 있습니다. 시판 김치는 온라인 기준 동일 중량 최저가,
김치 재료는 출간 당시 온라인 검색 결과 최저가 기준입니다. 시판되지 않는 종류의 김치는 같은 중량의 배추김치 가격을 기준으로 했습니다.

달래 김치

달래 300g	2,100원
김치 예산	2,100원
시판 김치 최저가	14,960원

최종 절약액　12,860원

달래 간장 장아찌

달래 300g	2,100원
김치 예산	2,100원
시판 김치 최저가	15,000원

최종 절약액　12,900원

고구마줄기 김치

고구마줄기 1kg	11,000원
김치 예산	11,000원
시판 김치 최저가	23,000원

최종 절약액　12,000원

과일 깍두기

사과 1개	1,280원
배 1/2개	920원
김치 예산	2,200원
시판 김치 최저가	6,520원

최종 절약액　4,320원

단감 겉절이

단감 5개	2,980원
쪽파 100g	100원
김치 예산	3,080원
시판 김치 최저가	6,520원

최종 절약액　3,440원

연근 감귤 피클

연근 2뿌리	2,720원
김치 예산	2,720원
시판 김치 최저가	10,800원

최종 절약액　8,080원

4인 가족 1년 평균 김치 비용
840,000원
—
냉파 김치 1년 예상 식비
120,000원
=
1년 김치 비용
720,000원

절감 효과

봄을 알리는 첫 김치
달래 김치

달래줘요~

조리
20분

상온에서 반나절 숙성 후
냉장보관

 달래 김치 고기김밥 만들기

가브리살(돼지 등겹살) 굽고, 당근 볶고, 달걀지단 부치고, 달래 김치 넣어 뚱뚱한 꼬마김밥을 쌌어요. 매콤한 달래 김치는 밥에도, 생김에도, 고기에도 잘 어울리니 냉장고 속 재료로 달래 김치 고기김밥, 간식으로 한 번 말아보세요.

□ 달래 2묶음(300g)

| 양념 |

□ 고춧가루 2스푼
□ 올리고당 2스푼
□ 까나리액젓 2스푼
□ 통깨 1/2스푼
□ 다진 마늘 1/3스푼 ◆

◆ 생략 가능
◆◆ 달래 김치를 1kg 정도 대량으로 담글 때는 찹쌀풀을 쑤어 양념에 섞거나, 시판 호박죽을 약간 섞어서 양념해도 OK. 찹쌀풀은 물 1/3컵에 찹쌀가루 1/3스푼을 섞고 전자레인지에 30초씩 3번 중간중간 저어 돌린 다음 식혀서 사용. 자세한 만드는 법은 46쪽 참고

1 | 재료 손질하기 |

알뿌리는 껍질을 한 꺼풀 벗기고, 뿌리 부분에 딱딱한 돌기를 제거한 다음 흐르는 물에 흔들어 씻어요.

2 | 재료 손질하기 |

깨끗이 손질한 달래는 4~5cm 길이로 잘라요.

3 | 양념 버무리기 |

손질한 달래에 양념 재료를 모두 넣고 가볍게 버무려요.

tip / 달래 자체가 매워서 다진 마늘은 조금만 넣거나 생략해도 OK

tip / 올리고당을 설탕으로 대체할 땐 올리고당 2스푼을 설탕 1스푼으로 대체하고, 양념을 미리 만든 다음 달래를 무쳐야 설탕이 서걱서걱 씹히지 않는다.

◆ 상온에 반나절 두었다가 냉장보관해요. 만들어서 바로 먹어도 좋아요.

봄 냄새를 그대로 담았다!

달래 간장 장아찌

달래줘요~

조리 **20분**

상온에서 1일 숙성 후
냉장보관

 TIP **장아찌 용기를 고를 때 주의할 점**

뜨거운 액체를 붓는 장아찌, 피클, 오이지 등을 담을 용기를 선택할 때 유리의 경우 내열유리
인지, 플라스틱의 경우 내열온도가 100℃까지 도달하는지 등을 확인해야 해요. 보통 재료에
부으면서 절임물 온도가 조금 내려가긴 하지만, 유리의 경우 내열유리가 아니면 급격한 온도
차 때문에 깨져서 위험할 수 있어요. 내열유리는 급격한 온도변화에 강해 전자레인지나 오븐
에도 사용할 수 있는데, 제품에 따라 내열온도가 250~450℃까지 다양해요. 내열유리가 아니
라면 열탕소독은 피해야 하고 절임물을 부을 때는 약간 식혀서 붓는 게 좋아요. 절임물 만들
때 불을 끈 뒤 가장 마지막에 식초를 넣는 것도 온도를 떨어뜨리기 위해서예요.

□ 달래 300g
□ 양파채 ◆

◆ 취향에 따라 추가하거나 생략해도 OK.
넣을 경우엔 절임물을 부을 때 달래와 함께
넣는다.

| 절임물 |

□ 물 1+1/2컵
□ 간장 1/2컵
□ 식초 1/2컵
□ 설탕 1/2컵
□ 맛술 1/4컵

1 | 재료 손질하기 |

알뿌리는 껍질을 한 꺼풀 벗기고 뿌리 부분에 딱딱
한 돌기를 제거한 후 흐르는 물에 흔들어 씻어요.

2 | 재료 손질하기 |

깨끗이 손질한 달래는 4~5cm 길이로 잘라요.

3 | 절임물 만들기 |

냄비에 식초를 제외한 절임물 재료를 모두 넣고,
팔팔 끓으면 불을 끄고 식초를 넣어요.

tip / 처음부터 식초를 넣고 끓여도 상관없지만, 식초를
함께 넣고 끓이면 집 안에 식초냄새가 가득 찬다. 식초를
마지막에 넣으면 냄새가 조금 덜하다.

4 | 절임물 붓기 |

손질한 달래를 적당한 용기에 담고 뜨거운 절임
물을 부어요.

tip / 취향에 따라 이때 채 썬 양파를 함께 넣어도 좋다.

◆ 상온에 하루 두었다가 냉장고에 보관해요.
만들고 바로 다음 날 먹을 수 있어요.

여름철 찬밥에 얹으면 집나간 입맛 컴백!

고구마줄기 김치

조리
25분

상온에서 1일 숙성 후
냉장보관

 부드러운 고구마줄기 볶음에도 도전!

고구마줄기는 고구마가 한창 자라는 여름부터 수확하는 가을까지 나와요. 껍질을 벗기기가 번거로워 선뜻 손이 안 가지만, 재래시장에 가면 껍질을 벗긴 것이나 운이 좋으면 한 번 데친 고구마줄기도 구입할 수 있어요. 껍질을 벗긴 고구마줄기는 김치를 담글 때 사용하고, 데쳐놓은 고구마줄기로는 볶음에 도전해 보세요. 고구마줄기 볶음에는 들깻가루가 잘 어울려요. 육수를 약간 붓고 자작하게 볶아 마지막에 들깻가루를 넣으면 고소하고 부드러운 고구마줄기 볶음이 돼요.

□ 고구마줄기 700g
　(엄지, 중지로 잡아 세 줌)
□ 양파 1개(170g, 중간 크기)
□ 당근 1/4개 ◆

◆ 당근은 생략 가능, 쪽파를 함께 무쳐도
맛있다.

| 데침물 |

□ 물 10~11컵(2L)
□ 굵은소금 1스푼

| 양념 |

□ 찬밥 3스푼
□ 멸치액젓 8스푼
□ 설탕 2스푼
□ 매실청 2스푼 ◆◆
□ 다진 마늘 2스푼
□ 물 또는 육수 1/2컵 ◆◆◆
□ 고춧가루 7스푼

◆◆ 매실청은 집에서 담가 사용해도 되
고, 시중에서 판매하는 매실당을 이용해도
좋다. 올리고당이나 물엿으로 대체하고 기
호에 따라 단맛을 조절해도 OK

◆◆◆ 육수는 다시마육수 또는 황태육수
를 사용, 만드는 법은 42~43쪽 참고

1 | 재료 손질하기 |

고구마줄기는 줄기와 잎의 경계 부위부터 15~
20cm 길이로 똑똑 분지르며 껍질을 완전히 벗
겨요. 취향에 따라 길쭉하게 담가도, 먹기 좋게
짧게 손질해서 담가도 돼요.

tip / 껍질이 남아있으면 먹을 때 질기니 꼭 완전히 벗겨
내고 사용한다.

2 | 데치기 |

냄비에 물을 넣고 팔팔 끓으면 굵은소금을 넣고,
여기에 껍질을 벗긴 고구마줄기를 넣어 5~6분간
데쳐요. 데친 고구마줄기는 찬물에 헹군 후 체
에 밭쳐 물기를 없애요.

tip / 살짝 데친 후 껍질을 벗겨도 좋다.

3 | 재료 손질하기 |

당근과 양파는 얇게 채 썰어요.

4 | 양념 만들기 |

믹서기나 블렌더에 고춧가루를 제외한 양념 재
료를 모두 넣고 갈아 볼에 담아요. 여기에 고춧
가루를 넣고 잘 섞어 10분 정도 그대로 둬요.

tip / 고구마줄기는 수분이 많이 나오지 않으므로 다른 김
치보다 양념을 약간 묽게 해서 무친다.

5 | 재료 손질하기 |

데친 고구마줄기를 꽉 짜서 남은 물기를 없앤 다
음 먹기 좋게 7~8cm 정도 길이로 잘라요.

6 | 양념 버무리기 |

손질한 고구마줄기와 양파, 당근을 양념에 잘 버
무려요.

아이들도 좋아하는
아삭달콤

과일 깍두기

조리
10분

냉장보관,
2~3일 이내에 소비

☐ 사과 1개(270g)
☐ 배 1/2개
　(400g, 큰 크기 기준,
　조금 작은 크기는 1개 사용)
☐ 쪽파 3~4줄기

| 양념
☐ 고춧가루 1+1/2스푼
☐ 다진 마늘 1/2스푼
☐ 액젓 2+1/2스푼
　(멸치 또는 까나리)
☐ 매실청 1/2스푼 ◆

◆ 매실청은 집에서 담가 사용해도 되고,
시중에서 판매하는 매실당을 이용해도 좋
다. 올리고당이나 물엿으로 대체하고 기호
에 따라 단맛을 조절해도 OK

1 | 재료 손질하기 |

사과, 배는 깨끗이 씻어 껍질을 깎고 사방 0.8cm
크기로 각뚝썰기해요.

tip / 이렇게 작게 썰면 숟가락으로 먹기 편하고 양념이
맵지 않아 아이들이 먹기에도 좋다. 2cm 정도로 크게 썰
면 과일의 단맛을 더 많이 느낄 수 있다.

2 | 양념 버무리기 |

작게 썬 과일에 양념 재료를 전부 넣고 잘 버무
린 다음 1cm 길이로 자른 쪽파를 넣어 버무려요.

tip / 취향에 따라 통깨나 깨소금을 조금 넣어도 좋고, 생
밤을 함께 썰어넣어 무쳐도 OK

◆ 과일 깍두기는 2~3일 내에 먹는 게 좋아요.
배는 수분이 많아 양념해서 오래 두면 물이 생기
고, 나머지 과일은 절여지면서 조직이 물러지기
든요. 투명한 유리병에 담아두면 보기에도 예쁘
고, 내용물이 한눈에 보여 얼른 소비하기에도 좋
아요.

김치의 고정관념을 한방에 깨는
단감 겉절이

조리
10분

냉장보관,
2일 이내 소비

□ 단감 5개◆
□ 쪽파 6~7줄기
◆ 단단하고 아삭한 단감으로 만들어야 식
감이 좋다.

| 양념 |
□ 고춧가루 3스푼
□ 액젓 4스푼(멸치 또는 까나리)
□ 설탕 1/2스푼
□ 다진 마늘 1/3스푼
□ 통깨 약간

1 | 재료 손질하기 |
단감은 꼭지를 떼어내고 껍질을 깎은 다음, 크기
에 따라 한입에 먹기 좋게 6~8등분해서 씨를 없
애요.

2 | 재료 손질하기 |
쪽파는 깨끗이 씻어 2~3cm 길이로 잘라요.

3 | 양념 버무리기 |
볼에 손질한 감과 쪽파를 담고 양념 재료를 넣어
버무려요.

tip / 참기름은 단감의 상큼한 맛을 없애므로 넣지않는다.

◆ 단감 겉절이는 2일 내에 먹는 게 좋아요. 그
이상 지나면 물컹해져서 식감이 줄어들어요.

125

물러진 감귤을 건강반찬으로!
연근 감귤 피클

조리
25분

상온에서 하루 반나절 숙성 후
냉장보관

 TIP **겨울철 귤껍질 활용방법**

겨울철 귤을 한 박스씩 사면 그만큼 귤껍질이 많이 생겨요. 물러진 귤은 연근 감귤 피클을 만들어 먹고, 귤껍질은 잘 씻어 모아두었다가 살림에 활용하면 좋아요. 단, 귤껍질에 농약성분이 남아있을 수 있으니 사용하려면 귤을 까기 전에 베이킹소다, 식초 등으로 깨끗이 씻어야 해요.

① 천연 가습기: 귤껍질을 집 안 곳곳에 두고 말리면 실내 습도도 높아지면서 집에서 상큼한 귤향이 나요.

② 기름때 제거: 프라이팬의 기름때를 귤껍질 안쪽 흰 부분으로 닦아내면 말끔하게 닦여요. 귤껍질 끓인 물을 뿌려 닦아내도 집 안 구석구석 묵은 때를 없앨 수 있어요.

③ 조리도구 냄새 제거: 프라이팬이나 냄비에 음식 냄새가 뱄을 때 물과 귤껍질을 담아 끓이면 냄새가 사라져요.

④ 요리에 활용: 귤껍질을 얇게 채 썰어 요리에 넣으면 귤향이 풍부해져 요리의 풍미가 살아나요.

☐ 연근 2뿌리
  (550g, 길이 17~20cm)
☐ 알배기배추 3~4장 ◆

◆ 생략 가능

| 피클물 |
☐ 식초 1/2컵
☐ 설탕 1컵
☐ 굵은소금 1스푼
☐ 귤즙 2컵
  (중간 크기 귤 10개 분량)
☐ 귤 껍질 1개 분량 ◆◆

◆◆ 생략 가능

1 | 재료 손질하기 |

연근은 필러로 껍질을 벗긴 다음 2~3mm 정도 두께로 모양을 살려 얇게 썰어요. 알배기배추는 사방 2cm 정도 크기로 썰어요.

2 | 착즙하기 |

귤은 휴롬 같은 착즙기에 넣어 즙을 짜거나, 믹서에 곱게 갈아 체에 내려 2컵 준비해요.

tip / 감귤주스로 대체 가능하나, 이때는 설탕을 조금 적게 넣는다.

3 | 연근 데치기 |

끓는 물에 손질한 연근을 넣고 1분간 데쳐 체에 받쳐요. 찬물에 헹구지 않고 그대로 한김 식혀요.

4 | 담기 |

소독한 유리병에 연근과 배추를 담아요. 귤껍질은 하얀 속껍질을 포 뜨듯이 벗겨내고 주황색 껍질만 얇게 채 썰어 넣어요.

tip / 이렇게 주황색 껍질부분만 얇게 채 썰어 샐러드나 파스타, 떡 위에 솔솔 뿌리면, 상큼한 귤향이 더해져서 요리의 풍미가 살아나요. 채 썬 귤껍질은 햇볕에 바싹 말려 뜨거운 물에 우려 차로 마셔도 좋아요. 귤껍질을 뜻하는 진피차는 소화를 돕고 감기 예방, 면역력 향상에 도움이 된다고 해요.

5 | 피클물 붓기 |

냄비에 피클물 재료를 모두 넣어 끓여요. 따뜻할 정도로 식으면 연근, 배추, 귤껍질을 담은 유리병에 부어요.

◆ 상온에서 하루 반나절 정도 두었다가 냉장보관해요.

07

왕초보도
쉽게 담그는

굴 &
깻잎 &
우엉
김치

Key word

굴 · 깻잎은 빈혈 예방

우엉은 다이어트

굴

고르는 법

① 알이 작고 통통한 것

② 전체적으로 우윳빛을 띠는 것

③ 가장자리의 검은 줄이 선명하고 짙은 것

깻잎

고르는 법

① 잎의 앞면은 짙은 녹색이고, 뒷면은 보라색이 도는 것

→ 딴 지 얼마 안 된 깻잎은 뒷면이 보라색인데 시간이 지날수록 초록색으로 변해요.

② 줄기가 마르지 않고 촉촉한 것

③ 전체적으로 크기가 일정한 것

우엉

고르는 법

① 표면에 흙이 묻어있고 겉흙이 건조하지 않은 것

→ 흙이 건조할수록 우엉이 질겨요.

② 수염뿌리가 없고 흠 없이 매끈한 것

③ 대가 너무 가늘지 않고 100원 동전 정도 되는 것

집 김치 vs 시판 김치 가격 비교

구매 시기와 구매처에 따라 금액에 차이가 있을 수 있습니다. 시판 김치는 온라인 기준 동일 중량 최저가,
김치 재료는 출간 당시 온라인 검색 결과 최저가 기준입니다. 시판되지 않는 종류의 김치는 같은 중량의 배추김치 가격을 기준으로 했습니다.

굴김치

굴 750g	13,950원
무 100g	100원
김치 예산	14,050원
시판 김치 최저가	19,800원

최종 절약액 **5,750원**

어리굴젓

굴 400g	7,440원
김치 예산	7,440원
시판 김치 최저가	9,900원

최종 절약액 **2,460원**

깻잎 김치

깻잎 150장	7,500원
당근 1개	330원
홍고추 100g	2,300원
김치 예산	10,130원
시판 김치 최저가	36,000원

최종 절약액 **25,870원**

깻잎 절임

깻잎 50장	2,500원
김치 예산	2,500원
시판 김치 최저가	10,200원

최종 절약액 **7,700원**

우엉 피클

우엉 1뿌리	1,830원
김치 예산	1,830원
시판 김치 최저가	3,000원

최종 절약액 **1,170원**

우엉 간장 피클

우엉 1뿌리	1,830원
김치 예산	1,830원
시판 김치 최저가	4,500원

최종 절약액 **2,670원**

4인 가족 1년 평균 김치 비용	냉파 김치 1년 이상 식비	1년 김치 비용
840,000원 —	120,000원 =	720,000원

절감 효과

시원하게 톡 쏘는 진짜 밥도둑!

굴김치

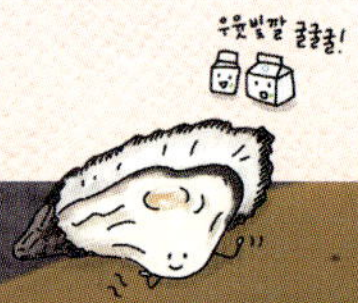

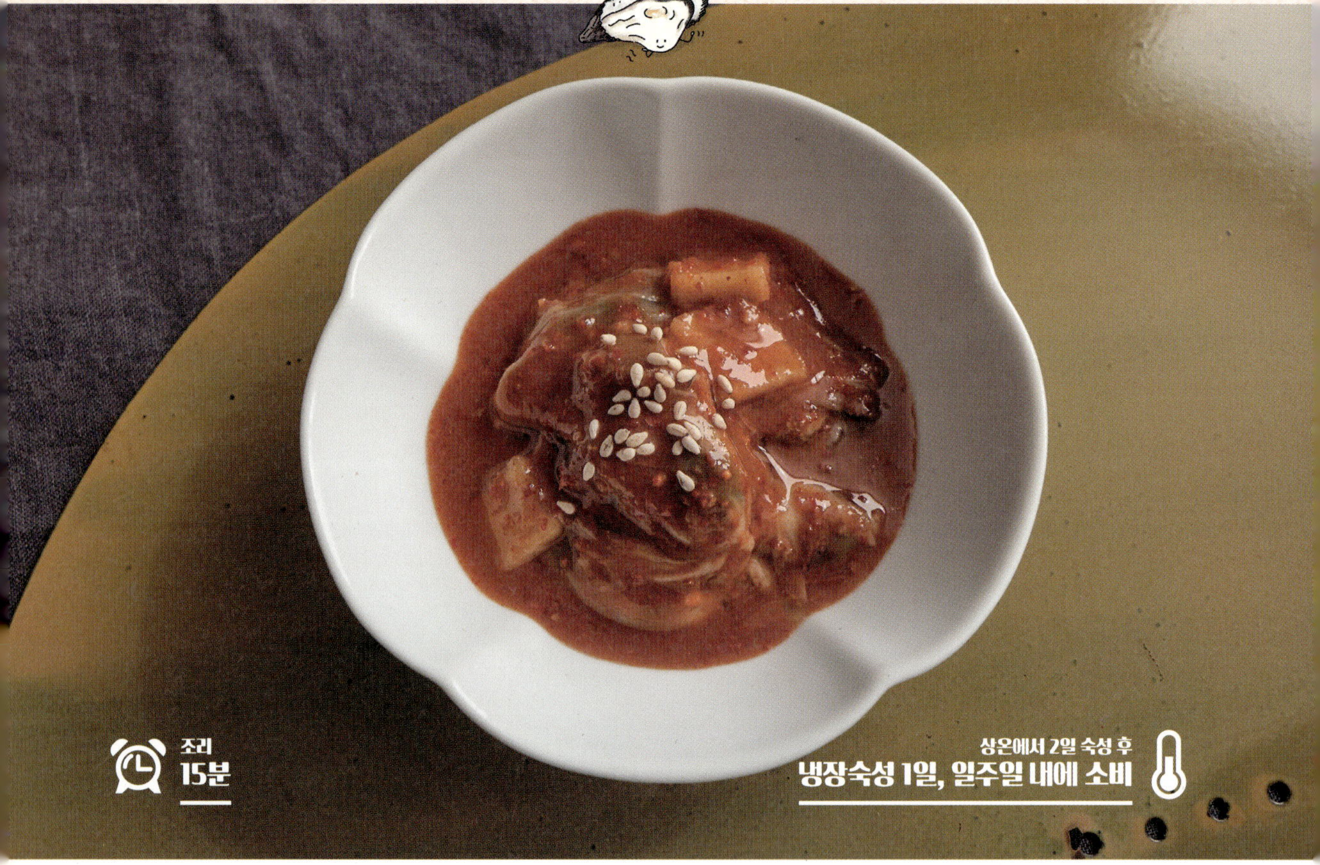

🕐 조리
15분

상온에서 2일 숙성 후
냉장숙성 1일, 일주일 내에 소비 🌡️

TIP **굴 깨끗하게 씻는 방법, 굴밥 만들기**

굴을 씻을 때는 소금물에 살살 흔들어서 씻어요. 손으로 살랑살랑 흔들어 씻어도 좋고, 젓가락을 거꾸로 잡고 두꺼운 부분으로 휘휘 저어줘도 좋아요. 처음 씻을 때 밀가루를 살짝 뿌려 소금물에 씻으면 밀가루가 굴에 붙은 이물질을 빨아들여서 더 깨끗이 씻을 수 있어요. 굴은 일일이 사람이 손으로 까기 때문에 가끔 껍질이 붙어있을 수도 있으니 굴을 씻으면서 굴 껍데기를 골라내세요. 이렇게 잘 씻은 굴을 밥 지을 때 쌀 위에 얹으면 맛있는 굴밥이 돼요.

□ 굴 4컵(750g)
□ 작게 썬 무 1컵(100g)

| 소금물 |
□ 물 10컵
□ 굵은소금 2스푼(수북하게)

| 찹쌀풀 | ◆
□ 물 또는 육수 1/2컵
　(멸치, 다시마, 황태) ◆◆
□ 찹쌀가루 1/2스푼

◆ 굴김치에는 밀가루풀이나 밥보다 찹쌀
풀을 사용하면 훨씬 감칠맛이 난다. 찹쌀
풀 만드는 법은 46쪽 참고

◆◆ 육수 만드는 법은 42~43쪽 참고

| 양념 |
□ 고춧가루 8스푼
□ 매실청 4스푼
□ 굵은소금 2스푼
□ 다진 마늘 1스푼
□ 굴물 1/2컵 ◆◆◆

◆◆◆ 굴을 체에 밭쳐 씻을 때 아래로 떨
어지는 물(만드는 법 2 참고)

◆◆◆◆ 굴김치가 처음이라면 굴을
400g만 사서 양념을 레시피의 절반으로
만들어 도전해보자.

1 | 굴 씻기 |

물(10컵)에 굵은소금(2스푼)을 수북하게 퍼넣고 녹여 소금물을 만들어요. 소금물을 적당히 나눠 붓고 굴을 넣은 뒤 살살 흔들어 씻으면서 껍데기를 골라내요.

2 | 물기 없애기 |

나머지 소금물로 굴을 서너 번 헹군 뒤 체에 밭쳐 물기를 없애요. 이때 체 아래에 그릇을 받쳐 똑똑 떨어지는 굴물을 받아두어요.

tip / 굴물을 버리지 않고 양념에 사용하면 굴향이 더 짙어진다.

3 | 재료 손질하기 |

무는 사방 1.5cm 정도 크기로 나박썰어 한 컵 준비해요.

4 | 양념 무치기 |

믹서기나 블렌더에 양념 재료를 모두 넣고 곱게 갈아요. 물기를 뺀 굴에 양념을 넣고 살살 무쳐요.

5 | 보관하기 |

양념에 버무린 굴 김치는 바로 먹어도 맛있어요. 완성된 굴 김치를 밀폐용기나 비닐팩에 넣어요. 상온(20℃ 정도)에서 이틀 지나면 수분이 많이 생기고 새콤하게 익은 냄새가 나요. 냉장고에서 하루 정도 숙성해요.

싱싱한 굴만 있으면 실패확률 0%!
어리굴젓

조리 30분

굴 냉장숙성 + 어리굴젓 냉장숙성 3일 + 10일 이상

 어리굴젓과 찰떡궁합! 김 또는 감태

매콤하고 싱싱한 굴향이 가득한 어리굴젓! 갓 지어서 김이 모락모락 나는 쌀밥에 얹어 먹으면 최고예요. 거기에 김이나 감태까지 곁들이면 다른 반찬 없어도 밥 한 그릇 뚝딱하기는 식은 죽 먹기랍니다. 감태는 파래과 해조류로 우유의 6배가 넘는 칼슘과 미네랄, 토마토의 3배에 달하는 칼륨, 굴 10개 분량의 철분을 풍부하게 함유하고 있어서 최근 각광받는 식재료 중 하나예요. 특히 약간 쌉싸름한 맛과 입안에 남는 감칠맛이 짭조름하고 부드러운 어리굴젓과 잘 어울리니 어리굴젓에 곁들여보세요.

□ 굴 400g(1근)
□ 굵은소금 1스푼
□ 뿌리는 소금 1/2스푼

| 소금물 |
□ 물 10컵
□ 굵은소금 2스푼

| 양념 |
□ 고운 고춧가루 5스푼
□ 다진 마늘 1스푼
□ 생강즙 1/2스푼 ◆
□ 까나리액젓 1/2~1스푼
◆ 다진 생강 1/3스푼으로 대체 가능

1 | 굴 씻기 |

물에 굵은소금(2스푼)을 넣어 소금물을 만들어
요. 굴을 씻을 때 소금물을 서너 번 나눠 붓고,
살랑살랑 흔들며 굴을 씻은 다음 체에 받쳐 물기
를 없애요.

2 | 굴 절이기 |

물기를 뺀 굴에 굵은소금 1스푼을 뿌리고 버무
려 용기에 담아요. 남은 굵은소금 1/2스푼을 굴
표면에 뿌린 뒤 용기 뚜껑을 닫고 냉장고에서
3~4일 정도 숙성해요.

◆ 냉장고에서 3일 정도 숙성하면 굴색이 노리
끼리해지고, 뚜껑을 열면 싱싱한 굴향이 진하게
나요.

3 | 물기 없애기 |

냉장고에서 숙성한 굴은 체에 받쳐 물기를 빼
요. 이때 나온 굴물은 버리지 말고 양념을 만드
는 데 사용해요.

4 | 양념 버무리기 |

3의 굴물에 양념 재료를 넣고 양념을 만들어요.
여기에 숙성한 굴을 넣고 살살 버무려 다시 용기
에 담아요.

tip / 양념을 만들 때는 고추장용 고운 고춧가루를 사용해
야 어리굴젓이 숙성됐을 때 매끈한 질감이 든다. 고운 고
춧가루가 없다면 일반 고춧가루를 블렌더에 갈아 사용해
도 OK

◆ 용기에 담은 굴은 냉장고에서 10일 이상 숙성
해요.

따끈한 밥에 이거 하나면 식사 끝!
깻잎 김치

조리
30분

상온에서 2일 숙성 후
냉장숙성 2일 이상

 만능 나물무침 양념 비율

레시피대로 김치를 담가 먹어도 좋지만 싱싱한 채소를 바로바로 무쳐 먹어도 정말 맛있어요.
어느 나물에나 딱 맞는 만능 양념 비율을 소개하니 5분 만에 후다닥 만들어 보세요.

① 된장 양념 | 된장 2 : 참기름 2 : 다진 마늘 1

② 간장 양념 | 국간장 2 : 참기름 2 : 다진 마늘 1

□ 깻잎 150장
□ 양파 1/2개(100g)
□ 당근 50g
□ 홍고추 2개

| 양념 |

□ 간장 5스푼
□ 액젓 3스푼(멸치 또는 까나리)
□ 물 또는 육수 1/2컵 ◆
□ 물엿 3스푼
□ 고춧가루 4스푼
□ 다진 마늘 1스푼
□ 설탕 1스푼
□ 매실청 1스푼 ◆◆
□ 통깨 1스푼

◆ 육수는 다시마육수 또는 황태육수를 사용, 만드는 법은 42~43쪽 참고
◆◆ 물엿이나 올리고당으로 대체 가능

1 | 재료 손질하기 |

깻잎은 식초를 한두 방울 떨어뜨린 물에 10분 정도 담가뒀다가 흐르는 물에 한 장씩 깨끗이 씻어요. 그런 다음 체에 밭쳐 물기를 없애요. 양파, 당근은 채 썰고 홍고추는 반으로 갈라 씨를 빼내고 얇게 채 썰어요.

2 | 양념 만들기 |

분량의 양념장 재료를 모두 섞어 양념장을 만들어요.

3 | 양념 버무리기 |

손질해둔 양파, 당근, 홍고추를 만들어둔 양념에 넣어 잘 버무려요.

4 | 양념 바르기 |

깻잎 서너 장마다 양념을 반 스푼 정도씩 펴 발라 용기에 담아요.

tip / 양념은 너무 많이 바를 필요 없이 조금씩 펴 바른다. 그러면 깻잎이 절여지면서 서서히 수분이 나와 촉촉해진다.

◆ 깻잎 김치를 용기에 담아 서늘한 베란다에 두면 이틀 정도 뒤 용기 아래쪽에 국물이 흥건하게 생겨요. 그러면 위아래를 한 번 뒤집어 위치를 바꾸고 국물을 끼얹어 촉촉하게 해서 냉장보관해요. 이틀째부터 먹어도 괜찮고 4~5일쯤 지나면 맛이 완전히 들어 맛있어요.

깻잎 절임

15분 투자로
일주일 반찬 만들기!

조리
15분

상온에서 반나절 숙성 후
냉장보관

□ 깻잎 50장

| 절임물 |

□ 육수 1/2컵 ◆
　(멸치 또는 다시마)
□ 진간장 1/2컵
□ 식초 1/2컵
□ 설탕 5스푼

◆ 육수 1/2컵은 물 1컵으로 대체 가능.
육수에는 기본 간이 돼있으므로 물보다 적
게 넣는다. 육수 만드는 법은 42~43쪽
참고

1 | 깻잎 손질하기 |

깻잎은 흐르는 물에 한 장씩 깨끗이 씻어 물기를
없애요. 그런 다음 5장씩 방향을 바꾸며 밀폐용
기에 가지런히 담아요.

tip / 지그재그로 담으면 한 번 먹을 만큼 덜어내기 쉽고, 한
장씩 꼭지를 조금씩 어긋나게 놓으면 먹을 때도 편리하다.

2 | 깻잎 절이기 |

식초를 제외한 절임물 재료를 냄비에 넣고 중불
에서 설탕이 녹을 때까지 끓여요. 불을 끄고 식
초를 부어 한김 식혀요.

tip / 절임물이 너무 뜨거울 때 식초를 부으면 깻잎 색이
변하며 쪼그라든다.

3 | 절이기 |

식힌 절임물을 깻잎에 붓고, 깻잎이 잠기도록 누
름돌이나 그릇을 엎어 뚜껑을 닫아요.

◆ 실온에 반나절 뒀다가 냉장보관해요.

우엉은 김밥에만 넣는다는
편견은 이제 그만!

우엉 피클

조리
30분

냉장숙성
2시간~반나절

□ 우엉 1뿌리
　(지름 2cm, 길이 20cm)
□ 통깨 약간
□ 참기름 약간
□ 검은깨 약간
□ 양파 ◆

◆ 참기름, 검은깨, 양파는 생략 가능

|피클물|
□ 식초 6스푼
□ 설탕 6스푼
□ 소금 1/2스푼
□ 물 4스푼

1 | 우엉 손질하기 |
우엉은 필러로 얇게 깎아서 식초를 2~3방울 떨어뜨린 물에 10분 정도 담가뒀다가 체에 밭쳐 물기를 없애요.

tip / 껍질 벗긴 우엉은 식초에 담가둬야 갈변을 막을 수 있다.

2 | 우엉 절이기 |
피클물 재료를 모두 넣고 팔팔 끓으면 우엉을 넣어요. 중불에서 가끔 뒤적이며 3분 정도 더 끓여요.

3 | 보관하기 |
우엉을 밀폐용기에 옮겨 담고 냄비의 절임물을 부어요. 양파를 넣으려면 이때 넣어야 물러지지 않고 맛있어요.

◆ 검은깨를 솔솔 뿌리고 참기름을 둘러 한김 식힌 다음 냉장고에 넣어요.

tip / 절임물에 참기름을 넣고 끓이면 향이 날아가므로 주의!

137

고기랑 잘 어울리는
우엉 간장 피클

 조리
15분

 상온에서 1일 숙성 후
냉장보관

재료 〰〰〰〰〰〰〰〰〰〰〰〰〰〰〰〰〰〰〰〰〰〰 만드는법

☐ 우엉 4뿌리
　（지름 2cm, 길이 15cm）

| 피클물 |
☐ 물 1컵
☐ 간장 5스푼
☐ 설탕 4스푼
☐ 식초 5스푼
☐ 꽃소금 1/3스푼

1 | 재료 손질하기 |

우엉은 껍질을 필러로 벗기고 식초를 1~2방울 떨어뜨린 물에 담가 색이 변하는 것을 막아요. 필러로 우엉을 얇게 깎고 체에 받쳐 물기를 없애요.

tip / 필러로 우엉을 깎는 동안 식초에 담근 상태여야 갈변하지 않는다.

2 | 피클물 만들기 |

피클물 재료 중 식초를 제외한 모든 재료를 냄비에 넣고 끓여요. 다 끓으면 불을 끄고 식초를 넣어요.

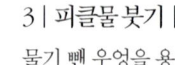

3 | 피클물 붓기 |

물기 뺀 우엉을 용기에 옮겨 담고 피클물을 부어 상온에 하루 두었다가 냉장보관해요.

tip / 가장 좋은 용기는 유리병이지만, 없다면 밀폐용기에 피클물을 살짝 식혀서 넣는다.

tip / 우엉 간장 피클은 꼭 짜서 유부초밥에 다져 넣어도 좋고, 김밥에 우엉조림 대신 넣어도 맛있다.

남는 우엉으로 쌈을 부르는 우엉된장 만들기

사실 우엉은 집에서 많이 사용하는 식재료는 아닙니다. 보통 김밥에 들어가는 우엉 말고는 자주 접할 기회가 없기도 하지요. 우엉김치를 만들고 남은 우엉을 어디에 써야 할지 모르겠다면 우엉된장을 만들어보세요. 냉장고 속 터줏대감인 양배추를 쪄서 쌈으로 먹을 때 우엉된장을 찍어 먹으면 간편하고 맛있게 한 끼 뚝딱 해결할 수 있습니다.

| 재료 |

☐ 우엉 1대(15cm) ☐ 청고추 1개 ☐ 홍고추 1개 ☐ 마늘 2알
☐ 참기름 2스푼 ☐ 된장 2스푼 ☐ 물 4스푼 ☐ 맛술 3스푼

| 만드는 법 |

① 우엉, 청홍고추는 잘게 다지고, 마늘은 굵직하게 다져요.

② 작은 냄비에 참기름을 두르고 다진 마늘과 청홍고추를 넣어 약불에 3분간 볶다가, 다진 우엉을 넣고 3분간 더 볶아요.

③ ②에 된장을 넣어 한 번 더 볶아요.

④ 볶은 된장에 물과 맛술을 넣고 약불에서 저으며 졸여요.

08

왕초보도
쉽게 담그는

이색
김치

Key word

더덕은 기관지 강화

아삭이고추는 면역력 증진

셀러리는 해독 작용,
불면증 해소

버섯은 성인병 예방

더덕

고 르 는 법

① 겉의 주름이 깊지 않고 곧은 것

② 색이 밝고 지나치게 굵거나 크지 않은 것

③ 잔가지가 적은 것

④ 냄새를 맡았을 때 향이 진한 것

아삭이고추

고 르 는 법

① 크기와 모양이 균일한 것

② 휘지 않고 모양이 곧은 것

③ 표면이 매끈하고 무르지 않은 것

④ 꼭지가 마르지 않고 신선한 것

셀러리

고 르 는 법

① 줄기가 곧게 일직선으로 단단하게 펴진
   것

② 큰 잎보다는 어린잎이 많이 붙어있는 것

③ 줄기 색이 진한 것

버섯

고 르 는 법

① 팽이버섯: 뿌리 색이 진하지 않고 전체적으로 흰색, 크림색이며 갓이 작고 가지런한 것

② 표고버섯: 수분이 없고, 갓부분이 둥글고 갈라져 있으며 대가 굵은 것

③ 양송이: 둥근 갓부분이 하얗고 단단하며 상처가 없는 것

보 관 법

버섯은 씻지 않고 키친타월로 감싸서 냉장실 채소칸에 보관한다. 냉동보관할 때 역시 씻지 않고 원하는 크기나 모양으로 썰어서 보관하며 별도의 해동 없이 사용한다.

집 김치 vs 시판 김치 가격 비교

구매 시기와 구매처에 따라 금액에 차이가 있을 수 있습니다. 시판 김치는 온라인 기준 동일 중량 최저가,
김치 재료는 출간 당시 온라인 검색 결과 최저가 기준입니다. 시판되지 않는 종류의 김치는 같은 중량의 배추김치 가격을 기준으로 했습니다.

더덕 김치

더덕 660g	11,150원
배 1/4개	460원
김치 예산	11,610원
시판 김치 최저가	40,000원

최종 절약액 **28,390원**

아삭이고추 물김치

아삭이고추 1팩	2,990원
무 200g	140원
배 1/2개	920원
김치 예산	4,050원
시판 김치 최저가	15,000원

최종 절약액 **10,950원**

셀러리 장아찌

셀러리 1봉	3,300원
김치 예산	3,300원
시판김치 최저가	11,800원

최종 절약액 **8,500원**

김 장아찌

김밥 김 30장	3,000원
김치 예산	3,000원
시판 김치 최저가	16,650원

최종 절약액 **13,650원**

버섯 피클

새송이버섯 4개	2,200원
표고버섯 4개	1,360원
김치 예산	3,560원
시판 김치 최저가	20,000원

최종 절약액 **16,440원**

청경채 김치

청경채 10개	2,680원
김치 예산	2,680원
시판 김치 최저가	3,000원

최종 절약액 **320원**

4인 가족 1년 평균 김치 비용 **냉파 김치 1년 예상 식비** **1년 김치 비용**

840,000원 — **120,000원** = **720,000원**

절감 효과

살짝 구우면 더 맛있는
더덕 김치

조리 30분

냉장보관

 더덕 김치, 살짝 구워서 더 맛있는 '더덕 양념구이'로!

양념한 더덕은 그냥 먹어도 맛있지만 프라이팬에 참기름을 약간 둘러 살짝 구우면 정말 맛
있어요. 더덕을 구울 때는 기름을 너무 많이 두르면 느끼해지니 약간만 두르고 중약불에서
천천히 구워요. 양념이 돼있어서 불이 세면 양념이 타버리니 주의!

□ 더덕 15~20개(660g)

| 양념 |

□ 배 1/4개 ◆
□ 생강 1/2톨
□ 마늘 7개
□ 고춧가루 7스푼
□ 까나리액젓 5스푼
□ 올리고당 2스푼
□ 물 2스푼

◆ 시판 배 주스를 사용해도 OK

1 | 더덕 데치기 |

더덕은 팔팔 끓는 물에 넣고 딱 30초만 데친 뒤 체에 받쳐 그대로 식혀요.

tip / 이렇게 하면 더덕 껍질이 잘 까진다. 너무 오래 데치면 속까지 익어버리니 딱 30초만 데치기!

2 | 재료 손질하기 |

데친 더덕에 반으로 잘리지 않고 펴질 정도로만 길게 칼집을 넣고, 살살 돌려가면서 벗겨 펼쳐요. 그런 다음 방망이로 부드럽게 두들겨 펴요.

tip / 칼집을 낼 때 반으로 잘리지 않고 펴질 정도로만 살짝 넣는 게 중요

3 | 양념 만들기 |

믹서기나 블렌더에 양념 재료를 모두 넣고 곱게 갈아 양념장을 만들어요.

tip / 더덕은 배추처럼 김치를 담글 때 물이 많이 생기지 않는다. 따라서 양념 단계에서 기호에 따라 배즙이나 물로 양념 농도를 조절해야 한다.

4 | 양념 바르기 |

두들겨 편 더덕에 양념을 골고루 펴 발라요.

매콤 아삭 시원한 맛의 향연!
아삭이고추 물김치

🕐 조리 **40분** | 🌡️ 상온에서 1일 숙성 후 **냉장숙성 2일**

🟢 **TIP 매콤한 걸 원한다면 풋고추, 부드러운 식감을 원한다면 아삭이고추!**

풋고추로 물김치를 만들면 익어도 고추가 탱탱하고 예뻐요. 하지만 자칫 고추 껍질이 질길 수 있어서 조금 부드러운 아삭이고추로 물김치 담그는 걸 추천해요.
풋고추가 부드러울 때는 풋고추로 담그고, 풋고추 껍질이 단단하고 질길 때는 아삭이고추나 오이고추처럼 껍질이 부드러운 고추로 담그면 좋아요. 아삭이고추, 오이고추로 담그면 맵지 않아서 아이들도 먹을 수 있어요.

□ 풋고추 또는 아삭이고추 20개

| 절임물 |
□ 굵은소금 1+1/2스푼
□ 물 1컵

| 김칫소 |
□ 무 200g
  (지름 8cm, 두께 3cm)
□ 배 1/4개(200g)
□ 마늘 4개
□ 홍고추 1~2개

| 김칫소 절임 재료 |
□ 설탕 2스푼
□ 액젓 2스푼(멸치 또는 까나리)
□ 꽃소금 1/2스푼

| 김칫물 |
□ 배 1/4개
□ 양파 1/2개(100g)
□ 찬밥 2스푼 ◆
□ 매실청 2스푼
□ 설탕 1스푼
□ 꽃소금 1+1/2스푼
□ 물 4컵

◆ 적은 양을 만들 때는 찹쌀풀 대신 찬밥
을 사용. 찹쌀풀로 대체할 경우 물 1/2컵
에 찹쌀가루 1/3스푼을 넣고 잘 풀어서 전
자레인지에 1분씩 2번 돌린 뒤 완전히 식
혀서 사용. 자세한 만드는 법은 46쪽 참고

1 | 재료 손질하기 |

고추는 꼭지를 1cm 정도만 남기고 잘라내고, 위
아래로 1~1.5cm 정도 남기고 길게 칼집을 낸 다
음 씨를 빼내요. 물에 굵은소금을 녹인 절임물
에 손질한 고추를 담가 30분간 절이고 물에 한
번 행군 다음 체에 밭쳐둬요.

2 | 재료 손질하기 및 절이기 |

무, 배, 마늘, 홍고추는 3cm 길이로 얇게 채 썰어
요. 여기에 설탕, 액젓, 소금을 넣고 잘 버무려
10분간 절여요.

tip / 김칫소는 짧은 시간 내에 절여야 하므로, 입자가 굵
은 굵은소금보다 입자가 고운 꽃소금을 사용하는 게 좋다.

3 | 김칫소 채우기 |

물기를 뺀 고추에 절인 김칫소를 통통하게 채워
넣어요. 고추 속을 채우고 남은 김칫소와 절임
물은 김칫물에 넣어야 하니 버리지 마세요.

4 | 김칫물 만들기 |

김칫물 재료를 모두 넣되 물은 2컵만 넣고 곱게
갈아요. 남은 물 2컵은 남은 양념까지 사용할 수
있도록 믹서기를 행구는 데 써요. 믹서에 간 재
료를 고운 체나 면보에 걸러 즙만 사용해요. 김
칫소를 절이고 남은 절임물, 믹서를 행군 물
2컵까지 모두 섞어 김칫물을 만들어요.

tip / 체나 면보 대신 다시백을 활용해도 OK

5 | 보관하기 |

김칫소를 채운 고추를 용기에 담고 김칫국을 부
어요.

◆ 상온에서 하루 정도 숙성 후 냉장보관해요.
냉장고에 2일 정도 두면 맛있게 익어요. 완전히
익기 전에도 달큰하니 맛있게 먹을 수 있어요.

냉장고에 묵혀둔 샐러드용 셀러리가 있다면
셀러리 장아찌

조리
15분

상온에서 반나절 숙성 후
냉장숙성 3일

 셀러리 잎 냉동보관 및 활용법

셀러리를 손질할 때는 시들시들하고 지저분한 잎은 버리고, 나머지 잎
과 짧은 줄기는 따로 모아 씻지 말고 그대로 위생팩이나 지퍼백에 넣어
공기를 최대한 빼고 냉동보관해요. 씻어서 물기가 있는 상태로 냉동하
면 잎이 하나하나 떨어지지 않고 한 덩어리로 얼어버려요. 씻어서 완벽
하게 물기를 없앤 다음 냉동해도 괜찮아요. 냉동한 셀러리 잎은 필요할
때마다 한 줄기씩 꺼내 물에 살짝 헹궈 필요할 때 사용하면 돼요.

1. 버섯채소볶음, 베이컨채소볶음, 해산물볶음 등 각종 볶음류에 향을 내고 싶을 때 사용해요.

2. 조개, 오징어, 전복, 새우 등 해산물을 데칠 때(물에 작은 레몬조각, 통후추, 마늘 등을 함께 넣고 끓여 향신물을 만들고 여기에 해산물
   을 데치면 비린내 제로!) 사용해요.

3. 생선구이, 스테이크 등 각종 구이에(프라이팬 한쪽에 그냥 던져놓고 구우면 OK!) 사용해요.

4. 서양 요리 전반에(수프 만들 때, 각종 소스 만들 때 등) 사용해요.

☐ 셀러리 1단
　(820g, 잔줄기나 잎 손질 후
　570g, 9~10줄기)
☐ 청양고추 3개
☐ 홍고추 2개 ◆

◆ 생략 가능

| 절임물 | ◆◆
☐ 소주 1컵 ◆◆◆
☐ 식초 1컵
☐ 설탕 2/3컵
☐ 간장 1/2컵
☐ 국간장 6스푼

◆◆ 다른 장아찌나 피클에 쓸 때처럼 끓이
지 않고, 설탕이 녹을 때까지 완전히 섞어
셀러리에 바로 붓는다.

◆◆◆ 절이는 동안 알코올이 날아가니 걱
정 No!

1 | 재료 손질하기 |

셀러리는 잔줄기와 잎을 없애고 깨끗이 씻어요.
중간 마디를 톡 부러뜨리거나 절단면을 살살 긁
어 굵은 섬유질을 없앤 다음 어슷하게 썰어요.

tip / 누렇게 뜬 잎만 없애고 싱싱한 초록색 잎은 그대로
사용해도 OK. 아니면 따로 모아서 냉동실에 얼려두었다
가 다양하게 활용해도 좋다.

tip / 셀러리에는 질긴 섬유가 있다. 큰 섬유질은 제거해
야 먹을 때 질겅거리지 않는다.

2 | 재료 손질하기 |

청양고추와 홍고추는 꼭지를 떼어내고 깨끗이
씻은 다음 어슷하게 썰어요. 홍고추는 생략해도
되지만 청양고추는 넣는 게 매콤하고 맛있어요.

3 | 절임물 만들기 |

분량의 절임물 재료를 모두 섞어 설탕이 완전히
녹을 때까지 저어요.

tip / 절임물을 만들고 저장하는 동안 소주의 알코올이 날
아가서 장아찌를 먹을 때는 술맛, 쓴맛, 알코올향이 나지
않으며 저장성을 높여준다.

4 | 보관하기 |

밀폐용기에 손질한 셀러리, 고추를 담고 양념장
을 부어요.

◆ 상온에 반나절 두었다가 냉장고에 넣고 만든
지 3일째부터 먹으면 돼요.

눅눅해진 김이 밥도둑으로 변신!
김 장아찌

조리 **25분**

상온에서 1~2시간 보관 후
냉장숙성 1일

 눅눅한 김 바삭바삭하게 되살리는 방법

바삭바삭함이 생명인 김! 하지만 한번 봉지를 뜯으면 아무리 잘 관리해도 결국엔 습기를 먹
어 눅눅해지곤 합니다. 이럴 때는 김을 프라이팬에 살짝 구운 다음 비닐에 넣고 잘게 부숴 간
장, 참기름, 깨소금, 다진 마늘을 약간 넣고 무쳐서 김무침을 만들어보세요. 또는 소금을 약간
넣은 물에 쪽파 한 줌을 살짝 데쳐서 4~5cm 길이로 자르고, 김 4~5장을 마른 팬에 살짝 구워
잘게 부순 다음 데친 쪽파와 함께 간장, 참기름, 깨소금을 넣어 무치면 달큰한 밥도둑 쪽파 김
무침 완성!

□ **구운 김밥 김 30장 ◆**
□ **생강 3톨(40g)**
◆ 돌김이나 파래김은 간장물을 부으면 풀
어지므로 김밥 김이나 생김을 이용

| **장아찌물** |
□ 간장 1컵
□ 국간장 1스푼
□ 맛술 1/2컵
□ 물엿 1/2컵
□ 매실청 2스푼
□ 물 1컵
□ 설탕 5스푼
□ 다시마 1조각(5×5cm)

1 | 장아찌물 만들기 |

냄비에 물 1컵을 붓고 다시마 한 조각을 넣어 바글바글 끓이다가 나머지 장아찌물 재료를 모두 넣고 끓여요. 다 끓으면 불을 끄고 완전히 식혀요.

tip / 중탕하듯 큰 볼에 찬물을 받아서 냄비를 담가두면 빨리 식힐 수 있다.

tip / 완전히 식히지 않고 뜨겁거나 따뜻한 장아찌물을 부으면 김이 쪼그라드니 반드시 완전히 식혀서 사용

2 | 재료 손질하기 |

김은 10~12조각으로 자르고, 생강은 얇게 편으로 썰어요.

tip / 장아찌물이 뜨거울 때 편으로 썬 생강 1/3 정도를 넣으면 향이 배어나와 맛이 좋아진다.

3 | 장아찌물 붓기 |

트레이나 용기에 김을 5~6장씩 담고 생강편을 올려요. 완전히 식은 장아찌물을 여러 번 되풀이해서 끼얹어요. 김 사이사이에 장아찌물이 잘 스며들 수 있도록 가장자리, 가운데를 살짝 눌러요.

tip / 김을 10장 이상씩 포개면 장아찌물이 잘 스며들지 않으니 조금씩 포개는 것이 좋다.

4 | 절이기 및 보관하기 |

처음에는 김에 절임물이 다 스며들지 않아 부피가 조금 크지만, 한두 시간 지나면 김이 촉촉해져서 살짝 가라앉아요. 그때 보관할 밀폐용기로 옮겨 담아요.

◆ 만든 다음 날부터 바로 먹을 수 있고, 시간이 지날수록 김에 간이 배어 더욱 촉촉하고 맛있어요. 따뜻한 밥에 척 얹어서 먹으면 좋고, 달걀프라이를 하나 올리거나 노른자를 날것으로 하나 올려도 좋아요. 묵은 김이나 김밥 싸고 남은 김이 있다면 이렇게 만들어보세요.

149

홈 레스토랑 버금가는 쫄깃한

버섯 피클

조리
15분

냉장보관

 물기 없는 버섯볶음 만들기

버섯은 기름을 잘 흡수하기 때문에 볶을 때 기름을 많이 넣으면 느끼해지기 쉬워요. 먼저 기름 없는 마른 팬에 볶아서 버섯이 가진 수분을 이끌어 낸 다음 기름을 넣고 볶아야 해요. 그래야 담백하면서도 고유의 맛과 향이 진한 버섯볶음을 만들 수 있어요.

□ 새송이버섯 4개
□ 표고버섯 4개
□ 마늘 5알
□ 올리브오일 1/3 컵

| 피클물 |
□ 물 1+1/2컵
□ 식초 1/2컵
□ 설탕 5스푼
□ 꽃소금 1/2스푼 ◆

◆ 꽃소금과 굵은소금은 같은 1/2스푼이
어도 짠맛의 정도에 큰 차이가 있다. 이 레
시피에서는 꽃소금을 사용!

1 | 재료 손질하기 |

새송이버섯은 길게 반으로 잘라 어슷하게 썰고,
표고버섯은 기둥을 떼어내고 약간 두껍게 썰어
요. 마늘은 두껍게 편으로 썰어요.

tip / 표고버섯 기둥은 육수용으로 남겨두거나 딱딱한 밑
동을 잘라내고 찢어서 함께 사용해도 된다.

2 | 마늘 볶기 |

프라이팬에 올리브오일을 두르고, 두껍게 썬 마
늘을 넣고 노릇하게 볶아 접시에 덜어둬요.

3 | 버섯 볶기 |

마늘 볶은 기름에 버섯을 넣고 노릇노릇하게 볶
아요. 다 볶으면 따로 접시에 덜어둬요.

tip / 버섯을 노릇하고 쫄깃하게 잘 볶아야 피클로 만들었
을 때 물컹거리지 않고 쫄깃하다.

4 | 피클물 만들기 |

버섯을 볶아낸 프라이팬에 피클물 재료를 넣고
끓여요.

tip / 피클링 스파이스나 월계수잎이 있다면 조금 넣어도
OK

5 | 피클물 붓기 |

용기에 볶은 마늘, 버섯을 넣고 뜨거운 피클물을
부어요. 피클물이 완전히 식으면 냉장고에 넣고
차갑게 먹어요.

tip / 사진에서는 약간 매콤하게 하려고 아주 굵은 고춧
가루의 일종인 크러쉬드 레드페퍼를 넣었다. 조금 매콤한
맛을 원한다면 청양고추를 1/3개 정도 썰어 넣어도 충분
하다.

배추랑은
또 다른 부드러움
청경채 김치

청경채 절이는 시간 + 조리
30분 +10분

상온에서 1일 숙성 후
냉장숙성 2일 이상

□ 청경채 10개(350~400g)
□ 배 1/2개
□ 당근 약간

| 절임물 |
□ 물 4컵
□ 굵은소금 4스푼

| 찹쌀풀 | ◆
□ 물 또는 육수 1/2컵
　(황태, 다시마, 멸치) ◆◆
□ 찹쌀가루 1/2스푼
◆ 찹쌀풀 만드는 법은 46쪽 참고

| 양념 |
□ 고춧가루 6스푼
□ 다진 마늘 2스푼
□ 까나리액젓 2스푼
□ 육수 3스푼 ◆◆
◆◆ 육수 만드는 법은 42~43쪽 참고

1 | 재료 손질하기 |
청경채는 줄기 밑동을 정리하고 흐르는 물에 흔들어 씻어요.

2 | 절이기 |
물에 굵은소금을 녹여 절임물을 만들어요. 청경채를 줄기부분이 잠기도록 세워서 20분간 절인 후 잎까지 담가 10분간 더 절여요. 그런 다음 물에 한 번 헹구고 꼭 짜서 물기를 없애요.

tip / 청경채를 눕혀서 절이면 잎은 많이 절여지고 줄기는 덜 절여진다. 줄기부분만 담가 먼저 절이고 잎은 10분 정도만 절여도 충분

3 | 양념 버무리기 |
배는 2cm 정도 길이로 채 썰어요. 식힌 찹쌀풀, 양념 재료와 함께 잘 섞어 양념을 만들고, 물기를 제거한 청경채에 양념을 한 장 한 장 고루 펴 발라요.

여성 건강 실천법

여성건강연구회 지음 | 13,800원

1일 1실천의 기적, 28일 후 생리통이 잡힌다!

◆ 일본 아마존 베스트셀러
◆ 바디버든, 독성유전, 환경호르몬 대처법 총망라
◆ 〈부록〉 통증을 없애는 혈자리

★ **1일 1실천 건강법의 효과 3가지** ··············

1. **한 달 후, 생리통이 개선된다!**
   생리통만 잡아도 여성의 몸은 기적처럼 건강해진다

2. **두 달 후, 만성피로가 사라진다!**
   10살 어려지는 동안 피부, 뭉침 없는 어깨, 힘차게 뛰는 심장을 만든다

3. **석 달 후, 고질병이 낫는다!**
   100세 건강 시대, 잔병치레를 벗어나고 마음 건강까지 챙긴다

여성 건강 혈자리 지도 (브로마이드)

여성건강연구회 지음 | 3,500원

**두통, 치통, 생리통, 요통, 어깨결림 등 통증 OUT!
빈혈, 변비, 탈모, 소화불량, 다리부종도 OUT!**

◆ 〈여성 건강 실천법〉 자매품
◆ 〈부록〉 1일 1실천, 여성 건강 플래너

멋진롬 심플한 살림법

장새롬(멋진롬) 지음 | 14,400원

신기해요. 버릴수록 아낄수록 행복해져요.

네이버 누적방문자수 400만명!
국내 최초 심플라이프 생활백서!

★ 심플한 살림법 3가지 이득 ·······················

1. 시간 이득
   구역별 비우기를 따라하면 청소시간이 줄어 나만의 시간 확보!

2. 금전 이득
   쇼핑욕구 다스리기 미션을 따라하면 카드빚도 줄고 저축도 가능!

3. 행복 이득
   돈돈거리지 않아서 우리 집은 언제나 가화만사성!

멋진롬 0~5세 아이놀자

장새롬(멋진롬) 지음 | 16,500원

장난감 사지 마세요. 아이들은 다 놀 줄 알아요.

소비육아 대신 심플육아!
살림놀이+재활용놀이+산책놀이 120

★ 심플한 육아법 3가지 ·······························

1. 엄마 체력 최우선 놀이법
   준비는 초간단, 뒷정리는 후다닥!

2. 아이 주도 놀이법
   엄마는 거들 뿐, 아이가 최종 놀이 주도자!

3. 아빠 참여 놀이법
   퇴근 후 아빠도 쉽게 참여! 화목한 가정!

초보엄마 안심 이유식

교보, 예스24, 인터파크, 알라딘 베스트셀러!

베베쿡 지음 | 12,600원

이유식 1위, 베베쿡 비밀 레시피 공개!

5년간 120만명이 먹은
베베쿡 이유식,
이제 초보엄마도 만든다!

초보엄마 이유식 3단계 해결법

1. 월령별 이유식 식단표에서 레시피 선택!
2. 이유식 체크리스트 확인!
3. 안심 레시피로 이유식 조리!

초보엄마 2~7세 알찬밥상

베베쿡 지음 | 14,800원

초보엄마도 따라하면 집밥의 힘이 샘솟는다!

급식과 외식에 노출되는 초등 전,
집밥의 힘을 선물할 시기!

편식방지를 위한 식판식, 한그릇밥, 도시락,
아이밥상+어른밥상 한번에 차려 1석2조!

맘마미아 어린이 경제왕

원작 맘마미아, 글그림 이금희 | 10,500원

우리 아이 100세까지 돈 걱정 OUT!
초등 전 경제습관 평생을 좌우한다

◆ 용돈관리법은 물론,
   교과서 속 경제이야기까지!
◆ 초등 전 경제습관을 잡아주는
   어린이 경제 교육 만화

2018 맘마미아 탁상 용돈기입장

맘마미아 지음 | 특별부록 : 종이저금통 | 9,800원

초등 전 저축습관을 키워주세요!
마법의 돈관리 3가지 효과!

◆ 매일 기록하게 만든다!
◆ 한 달 용돈흐름이 한눈에 보인다!
◆ 평생 저축습관 자동으로 완성된다!

심정섭의 대한민국 학군지도

심정섭 지음 | 23,000원

자녀교육+노후대비 최고 해결사! 똘똘한 아파트 찾기!

- 학업성취도 100위 학교 철저분석!
- 우수학교 배정아파트 시세분석!
- 〈부록〉 최신 입시경향 트렌드 7가지

★ 학군지도 3가지 효과
1. **왕초보 엄마아빠도 학군 전문가로 변신!**
   '학교알리미' 사이트 200배 활용법 대공개!
2. **전국 명문학군 아파트 배정표+시세표를 한눈에!**
   전국 16개 명문학군 학교, 아파트, 학원가 철저분석!
3. **대학 입시 흐름을 한눈에!**
   복잡하고 어려운 입시를 7가지 트렌드로 총정리!

심정섭의 초등5 · 6학년 학군상담소

심정섭 지음 | 18,000원

강남의 맹모들만 은밀히 받던 학군상담을 책으로!

- 입시 왕초보와 부동산 왕초보를 위한 책!
- 문재인 정부 입시전략 분석 친절 안내!
- 바쁘면 학군족집게, 〈부록〉 최우수 중고등학교 리스트 먼저 읽기!

★ 대한민국 학군 상담 유형은 총 4가지, 해결책 제시!
1. **초등 5~6학년 학부모**
   '좋은 중학교에 배정받으려면 어디로 이사할까요?'
2. **학군, 입시를 잘 모르는 학부모**
   '그냥 여기에 살아도 될까요? 다들 이사 가는데요.'
3. **상위권 성적의 자녀를 둔 학부모**
   '서울대 로드맵을 짜려면 어디로 이사하면 좋을까요?'
4. **중하위원 늦된 아이를 둔 학부모**
   '아이의 공부 의욕을 일깨우려면 어디로 이사하나요?'

30만 회원 감동 실천! 대한민국 1등 국민가계부!

맘마미아 가계부

맘마미아(월재연 카페 주인장) 지음 | 240쪽 | 12,000원

초간단 가계부
하루 5분 영수증
금액만 쓰면 끝!

절약효과 최고!
손으로 적는 동안
낭비반성!

적금액 증가!
푼돈목돈 모으는
10분 결산코너!

맘마미아 냉파요리

레몬밤키친 지음, 맘마미아 감수 | 18,000원

1달 식비 70만원 절약, 1년 840만원 적금의 기적!

식비절감 효과
냉장고 속 재료로만 요리해도
한 달 식비 70만원 절약!

요리실력 UP
왕초보 냉파 레시피로 냉파미션 성공!
요리실력은 보너스!

재료낭비 제로!
냉장고 속 남는 재료 TOP 20으로
시드는 재료 없이 건강하게!

**4인 가족
한 달 식비 100만원!**
무분별한 식재료 구입과 외식으로
식비폭탄 악순환!

**한 달 식비
30만원으로 절감!**
냉장고 정리, 냉장고 파먹기로
연 840만원 적금의 기적!